Falk Hettstedt

Hochfrequenzbauteile mit weichmagnetischen Nanokompositkernen

Falk Hettstedt

Hochfrequenzbauteile mit weichmagnetischen Nanokompositkernen

Theoretische Betrachtungen und praktische Anwendungen

Südwestdeutscher Verlag für Hochschulschriften

Impressum/Imprint (nur für Deutschland/only for Germany)
Bibliografische Information der Deutschen Nationalbibliothek: Die Deutsche Nationalbibliothek verzeichnet diese Publikation in der Deutschen Nationalbibliografie; detaillierte bibliografische Daten sind im Internet über http://dnb.d-nb.de abrufbar.
Alle in diesem Buch genannten Marken und Produktnamen unterliegen warenzeichen-, marken- oder patentrechtlichem Schutz bzw. sind Warenzeichen oder eingetragene Warenzeichen der jeweiligen Inhaber. Die Wiedergabe von Marken, Produktnamen, Gebrauchsnamen, Handelsnamen, Warenbezeichnungen u.s.w. in diesem Werk berechtigt auch ohne besondere Kennzeichnung nicht zu der Annahme, dass solche Namen im Sinne der Warenzeichen- und Markenschutzgesetzgebung als frei zu betrachten wären und daher von jedermann benutzt werden dürften.

Coverbild: www.ingimage.com

Verlag: Südwestdeutscher Verlag für Hochschulschriften GmbH & Co. KG
Heinrich-Böcking-Str. 6-8, 66121 Saarbrücken, Deutschland
Telefon +49 681 37 20 271-1, Telefax +49 681 37 20 271-0
Email: info@svh-verlag.de

Zugl.: Kiel, Technische Fakultät, Diss., 2011

Herstellung in Deutschland (siehe letzte Seite)
ISBN: 978-3-8381-3296-9

Imprint (only for USA, GB)
Bibliographic information published by the Deutsche Nationalbibliothek: The Deutsche Nationalbibliothek lists this publication in the Deutsche Nationalbibliografie; detailed bibliographic data are available in the Internet at http://dnb.d-nb.de.
Any brand names and product names mentioned in this book are subject to trademark, brand or patent protection and are trademarks or registered trademarks of their respective holders. The use of brand names, product names, common names, trade names, product descriptions etc. even without a particular marking in this works is in no way to be construed to mean that such names may be regarded as unrestricted in respect of trademark and brand protection legislation and could thus be used by anyone.

Cover image: www.ingimage.com

Publisher: Südwestdeutscher Verlag für Hochschulschriften GmbH & Co. KG
Heinrich-Böcking-Str. 6-8, 66121 Saarbrücken, Germany
Phone +49 681 37 20 271-1, Fax +49 681 37 20 271-0
Email: info@svh-verlag.de

Printed in the U.S.A.
Printed in the U.K. by (see last page)
ISBN: 978-3-8381-3296-9

Copyright © 2012 by the author and Südwestdeutscher Verlag für Hochschulschriften GmbH & Co. KG and licensors
All rights reserved. Saarbrücken 2012

Kurzfassung

Die vorliegende Dissertation beschreibt die Modellierung und die messtechnische Charakterisierung neuartiger weichmagnetischer Nanokomposite sowie den Entwurf verschiedener Hochfrequenzbauteile, hier Torus-Spulen und Baluns, mit diesen Materialien als Kern. Für die Kommunikationselektronik sind solche Materialien von großem Interesse, da durch ihren Gebrauch Bauteile signifikant miniaturisiert werden können und damit im GHz-Bereich anwendbar sind.

Im Rahmen dieser Arbeit werden nach einer Einleitung im ersten Kapitel und der Darstellung von Grundlagen im zweiten Kapitel, im Dritten ein Überblick über die zur theoretischen Beschreibung der magnetischen Materialien benötigten formelmäßigen Zusammenhänge gegeben. Diese Gleichungen werden kombiniert, so dass das komplexe Permeabilitätsspektrum, abhängig von den verwendeten Materialien, deren Struktur und den verschiedenen Konfigurationen, berechnet werden kann. Somit können mit diesen theoretischen Zusammenhängen die effektive Permeabilität und verschiedene Verlustmechanismen wie Wirbelströme und die ferromagnetische Resonanz in Nanokompositmaterialien untersucht werden. Natürlich können auch umgekehrt, bei gegebenen Materialanforderungen, wie Permeabilität und Einsatzfrequenzbereich, Anforderungen an die Materialien definiert werden. Die Richtigkeit der theoretischen Zusammenhänge wird durch den Vergleich zwischen Berechnungen und Messungen gezeigt.

Neben der theoretischen Beschreibung, die nur bei perfekter Kenntnis aller Materialparameter präzise geleistet werden kann, ist die messtechnische Bestimmung der Materialdaten von großer Bedeutung. Deshalb werden im vierten Kapitel verschiedene Messmethoden untersucht. Die Messungen beruhen auf verschiedenen physikalischen Phänomenen, wie der Änderung der Induktivität einer Spule oder der Änderung von Wellenleitereigenschaften. Die Kenntnis des gemessenen Permeabilitätsspektrums ist erforderlich, um Bauteile mit magnetischen Materialien effizient und korrekt zu entwerfen, da die frequenzabhängigen Datensätze der Messergebnisse direkt in verschiedene Simulationsprogramme eingelesen werden können.

Im fünften Kapitel werden verschiedene Hochfrequenzbauteile mit magnetischem Kern, welche in Dünnfilmtechnik angefertigt werden können, diskutiert. Es wird gezeigt, wie die Bauteile zu entwerfen sind und welche Anforderungen an das Kernmaterial daraus resultieren.

Der Nutzen von hochpermeablen Materialien wird am Beispiel von Torus-Spulen deutlich gemacht. Ihre Induktivität lässt sich prinzipiell durch einen magnetischen Kern um den Faktor der effektiven relativen Permeabilität erhöhen. Dementsprechend verbessert sich auch der Gütefaktor, wenn der Kern keine zusätzlichen Verluste verursacht. Anhand eines entwickelten Ersatzschaltbildes wird gezeigt, wie die Torus-Spulen zu entwerfen sind und welche Anforderungen an das magnetische Material gestellt werden müssen. Neben dem generellen Entwurf der Induktoren wird beispielhaft eine Optimierung unter den in dieser Arbeit geltenden Randbedingungen durchgeführt, um eine gewünschte Induktivität bei maximaler Güte zu erreichen.

Weiter werden in Dünnfilmtechnik hergestellte Baluns mit sehr großen Bandbreiten, beginnend im MHz-Bereich, untersucht. Es werden verschiedene Leitungstypen, welche die Grundlage des Baluns sind, betrachtet und optimiert.

Unter Verwendung optimierter Leitungen werden verschiedene Baluns entworfen und ebenfalls optimiert. Es wird gezeigt, wie sich das Betriebsverhalten der Baluns durch magnetische Kerne verbessern lässt.

Abstract

This submitted manuscript describes the modelling, characterization of novel magnetic nanocomposites and the designing of rf-components, like toroid inductors and baluns, which use them. Nowadays in many areas of modern electronics, like for example laptop computers and cell phones, further development of high-frequency magnetic components is urgently required. This is currently driving the integration or embedding of passive components, which would replace off-chip discrete modular assemblies.

In the scope of this work the third chapter gives an overview of the required analytical models for the high-frequency behaviour of magnetic nanocomposites. The aim of the investigations is the modelling of the physical properties such as, effective permeability, eddy currents, ferromagnetic resonance, effects of shape factors and type of packing of nanocomposite, as this is required for device simulations. The comparison of calculated and measured parameters shows good agreement in high frequency behaviour.

In addition to the analytical models chapter four investigates different measurement methods to determine the permeability at high frequencies. The permeability of magnetic thin films is extracted using two different methods: Firstly a coplanar waveguide, and secondly a shorted strip conductor which models a loop inductance. Permeability can be evaluated by the change of transfer behaviour or the change of inductance before and after incorporating a magnetic thin film. The transfer behaviour or the inductance is measured by the use of a network analyzer. This measured permeability at high frequencies is of great importance for designing and developing rf-devices such as inductors, resonators, transformers and circulators which use magnetic thin films. Magnetic thin film can improve the performance or reduce the used volume of these components.

The fifth chapter investigates different thin film rf-components using magnetic cores. The design of these components is elucidated as well as which requirements the magnetic material must fulfil. Firstly a toroidal micro-inductor is discussed. The investigations of this aim at fulfilling the demands of small size, high inductance, high operation frequency, and adequate quality factor required for modern mobile communication electronics. The toroidal inductor was designed using a novel equivalent circuit model. Next possible optimization is shown of the general design rules to achieve the required inductance with maximal quality factor. Finally some baluns are investigated. These baluns with magnetic cores are simulated and optimised under the boundary conditions given by the thin film processes and the magnetic materials.

Inhaltsverzeichnis

INHALTSVERZEICHNIS I
ABKÜRZUNGS- UND FORMELZEICHEN III
1   EINLEITUNG 1
2   GRUNDLAGEN 3
    2.1   MAGNETISCHES MOMENT 3
    2.2   FERROMAGNETISCHE HYSTERESE 3
    2.3   KRISTALLINE ANISOTROPIE 4
    2.4   MAGNETFELDINDUZIERTE ANISOTROPIE 4
    2.5   EFFEKTIVE INHOMOGENITÄT DES MAGNETISCHEN MATERIALS 5
3   THEORETISCHE BESCHREIBUNG WEICHMAGNETISCHER NANOKOMPOSITE 7
    3.1   ÜBERBLICK 7
        3.1.1   Mischungsformeln 7
        3.1.2   Mehrlagensysteme 11
        3.1.3   Ferromagnetische Resonanz 12
        3.1.4   Entmagnetisierungsfaktor nicht isolierter magnetischer Partikel 16
        3.1.5   Wirbelströme 17
        3.1.6   Dämpfungskonstante α 19
    3.2   KOMBINATION DER GLEICHUNGEN 19
    3.3   ANWENDUNG DER THEORETISCHEN ERGEBNISSE 20
        3.3.1   Homogenes Material 20
        3.3.2   Dünnschichtlimit 22
        3.3.3   Mehrlagen-Nanokomposite 23
4   PRAKTISCHE CHARAKTERISIERUNG WEICHMAGNETISCHER DÜNNSCHICHTKOMPOSITE .27
    4.1   PERMEAMETER MIT KOPLANARLEITUNG 27
        4.1.1   Grundlagen der Koplanarleitung 27
        4.1.2   Simulation des Permeameters 32
        4.1.3   Fehler bei der Bestimmung der Probenpermeabilität 34
        4.1.4   Analyse alternativer Verfahren zur Bestimmung der Permeabilität mit Koplanarleitung 35
        4.1.5   Messaufbau 39
        4.1.6   Messergebnisse 39
        4.1.7   Überprüfung der Messergebnisse 40
        4.1.8   Korrekturverfahren 41
    4.2   PERMEAMETER MIT KURZGESCHLOSSENER STREIFENLEITUNG 43
        4.2.1   Grundlagen der Streifenleitung 43
        4.2.2   Optimierung des Permeameteraufbaus 47
        4.2.3   Erweiterung des Messverfahrens 49
        4.2.4   Überprüfung der Messergebnisse 51
    4.3   BESTIMMUNG DER MATERIALPARAMETER AUS DEN GEMESSENEN PERMEABILITÄTSSPEKTREN 51
5   HOCHFREQUENZBAUTEILE MIT WEICHMAGNETISCHEN KERNEN 55
    5.1   DIE TORUS-SPULE 55
        5.1.1   Grundlagen 55
        5.1.2   Ersatzschaltbild 57

5.1.3	Vergleich zwischen Ersatzschaltbild und Messdaten	63
5.1.4	Variation der Torus-Spule	64
5.1.5	Magnetisches Kernmaterial	67
5.1.6	Optimierung einer Torus-Spule	71

5.2 BALUNS ... 75

5.2.1	Grundlagen	76
5.2.2	Theoretische Untersuchung eines realen Guanella-Baluns	81
5.2.3	Entwurf der Baluns	85
5.2.4	Leitungstypen	86
5.2.5	Der Balun-Entwurf	94
5.2.6	Nicht gewickelter Balun	96
5.2.7	Zweidrahtleitungs-Balun	97
5.2.8	Parallelleitungs-Balun	101
5.2.9	Rechteck-Koaxialleitungs-Balun	102
5.2.10	Baluns mit Kern	104
5.2.11	Messung der S-Parameter eines Baluns	106

6 ZUSAMMENFASSENDE DISKUSSION UND AUSBLICK ... 111

6.1 MATERIALBESCHREIBUNG ... 111
6.2 MESSMETHODEN ... 112

6.2.1	Eignung der Koplanarleitung als Permeameter	112
6.2.2	Eignung der kurzgeschlossenen Streifenleitung als Permeameter	113
6.2.3	Bestimmung der Materialparameter aus gemessenen Permeabilitätsspektren	113

6.3 HOCHFREQUENZ-BAUTEILE ... 113

6.3.1	Torus-Spule	114
6.3.2	Baluns	114

6.4 AUSBLICK ... 117

A ABBILDUNGSVERZEICHNIS ... 119

B TABELLENVERZEICHNIS ... 123

LITERATURVERZEICHNIS ... 125

EIGENE PUBLIKATIONEN ... 129

II

Abkürzungs- und Formelzeichen

A

$\vec{A}$		Entmagnetisierungsfaktor
A_c		Leiterfläche mit der Flächennormalen parallel zur Kernnormalen
A_L		Querschnittsfläche der Spule
A_M		Querschnittsfläche der Probe
A		Wicklungsbreite
$A_1(f)$		Verlustfaktor, der das Kernmaterial der Torus-Spule repräsentiert
$A_2(f)$		Verlustfaktor, der die Eigenresonanz der Torus-Spule repräsentiert
A_s		Leiterfläche mit Flächennormalen senkrecht zur Kernnormalen
a		mittlere Leiterlänge
α		Dämpfungskonstante
α_1		Wicklungswinkel

B

B		magnetische Flussdichte
b_K		Kernbreite der Torus-Spule
b		Leiterbreite
b_i		Breite des inneren Leiters einer Dreidrahtleitung
β		Phasenkonstante

C

C		Kapazität
C'		Kapazitätsbelag der Leitung
C_{ges}		Summe aller auftretenden Kapazitäten
C_k		Kapazität zwischen Leiterschleife und Kern
C_{OT}		Oxidkapazität zwischen Anschluss und Substrat
C_{ox}		Oxidkapazitäten zwischen benachbarten Leitungen
C_p		parasitäre Kapazitäten

C_s	parasitäre Streukapazität
C_t	parasitäre Kapazitäten einer Torus-Wicklung
C_{tt}	Kapazität zwischen zwei benachbarten Wicklungen
C_{TT}	Tor-zu-Tor-Kapazität
c	Füllfaktor
c_k	Geometriefaktor
c_m	Füllfaktor der einzelnen Partikel
c_{Skal}	Korrekturfaktor
Γ	Reflexionskoeffizient
γ	gyromagnetisches Verhältnis
γ_{Pr}	Ausbreitungskonstante
γ_{Sat}	Sättigungsausbreitungskonstante

D

D_A	Außendurchmesser der Torus-Spule
D	mittlerer Kerndurchmesser der Torus-Spule
d	Abstände zwischen Innen- und Außenleiter in horizontaler Richtung
d_c	Abstand zwischen den Wicklungen und dem Kern
d_s	mittlerer Abstand zwischen zwei Wicklungen der Torus-Spule
δ	Eindringtiefe

E

E(t)	Empfängersignal
$\varepsilon(R,\omega)$	Wirbelstromfaktor
$\vec{e}_r, \vec{e}_\varphi, \vec{e}_z$	Einheitsvektoren in Zylinderkoordinaten
$\vec{e}_x, \vec{e}_y, \vec{e}_z$	Einheitsvektoren in kartesischen Koordinaten

F

F, F(f)	Füllfaktor
F_R	Geometriefaktor
f_{FMR}	ferromagnetische Resonanzfrequenz
f_g	Grenzfrequenz

f_l	Larmorfrequenz	
f_o	obere Grenzfrequenz	
f_{res}	strukturelle Eigenresonanzfrequenz	
f_u	untere Grenzfrequenz	

G

G_{sb}	Schlitzbreite der Koplanarleitung
G	Querleitwert
G_s	Streuleitwert
G'	Ableitungsbelag der Leitung

H

H_{CPW}	Substrathöhe
$\vec{H}$	magnetisches Feld
H_c	Koerzitivfeldstärke
$H_{DC,ext}$	externes magnetisches Gleichfeld
H_{eff}	Effektivwert des äußeren Gleichfeldes am Ort des Elektrons
H_{hf}	hochfrequentes Wechselfeld
H_k	Anisotropiefeldstärke
H_S	Sättigungsfeldstärke
h	Höhe des Leiters/des magnetischen Kerns
h_a	Dicke des Außenleiters einer rechteckigen Koaxialleitung
h_{BCB}	Höhe des BCB-Lackes
h_i	Höhe des Innenleiters einer rechteckigen Koaxialleitung
$h_{real,max}$	maximale Goldlagenhöhe
h_{ox}	Abstand zwischen Wafer und Leiter
h_{sl}	Höhe des Streifenleiters

I, J

J	Jacobi-Matrix
I	Strom
$\vec{j}$	Wirbelstromdichte

K

K, K(f)	Korrekturfaktor
k	Abkürzung zur Bestimmung des Geometriefaktors bei der Torus-Spule
k_{tt}, k_k	Faktoren, die Kanteneffekte berücksichtigen

L

L, L(µ)	Induktivität, materialabhängige Induktivität
L'	Induktivitätsbelag der Leitung
L_{CPW}	Leitungsanteil der Induktivität
L_{DC}	Gleichstrominduktivität
L_{ges}	Summe aller auftretenden Induktivitäten
L_m	Gegeninduktivität zwischen zwei benachbarten Leitungen
L_{PR}	Länge des probenbedeckten Leitungsbereichs
L_{self}	Induktivität einer einzigen Wicklung der Torus-Spule
L_t	Induktivität einer Torus-Wicklung
L_0	Leerinduktivität
$\vec{L}$	Bahndrehimpuls
l	Leitungslänge
l_p	Länge der Probe
l_{SP}	mittlere Spulenlänge
l_{so}	Länge der Solenoidspule
l_{sl}	Länge der Streifenleiter

M

M_r	Remanenzmagnetisierung
M_S	Sättigungsmagnetisierungen
$\vec{M}$	totale Magnetisierung
$\vec{m}$	magnetisches Moment
μ_x	Permeabilität Phase x
μ^{eff}	effektive Permeabilität
μ^p	Partikelpermeabilität

μ_{eddy}^p	Partikelpermeabilität unter Berücksichtigung der Wirbelströme
μ_r	Probenpermeabilität
μ'	Realteil der Probenpermeabilität
μ''	Imaginärteil der Probenpermeabilität
$\mu_{r,Probe}$	relative Permeabilität der Probe
μ_{DC}	Permeabilität bei niedrigen Frequenzen
$\mu_{r,ref}$	Referenz-Permeabilität

N

N	Anzahl der Wicklungen der Torus-Spule
N_k	Formfaktor längs der Richtung k des magnetischen Feldes

P, Q

Φ	magnetischer Windungsfluss
Q_P	Clustergröße
Q	Quotient aus $S_{21,P}$ und $S_{21,L}$
Q_{mat}	Gütefaktor des magnetischen Materials
Q_T	Gütefaktor der Torus-Spule
q	Geometriefaktor der Koplanarleitung

R

R_P	Radius der magnetischen Partikel
R	Widerstand
$R_s(t)$	Störsignal
R'	Widerstandsbelag einer Leitung
R_{CPW}	Leitungsanteil des Widerstandes im CPW-ESB
R_{DC}	Gleichstromwiderstand
R_i	Innenradius der Torus-Spule
R_L	Lastimpedanz des Baluns
R_m	effektiver Clusterradius
R_{sub}	substratabhängige Verluste
R_t	Leitungswiderstand
R_{TT}	Tor-zu-Tor-Widerstand

R_w		Widerstand, der die Wirbelstromverluste im Kern beschreibt
r		Radius
ρ_{AU}		spezifischer Widerstand von Gold
ρ_s		spezifischer Widerstand des Substrats

S

S_{11}^{Sat}	Reflexionsparameter bei gesättigter Probe
S_{21}^{Sat}	Transmissionsparameter bei gesättigter Probe
$\vec{S}$	Impuls des Elektronenspins
$S(t)$	Nutzsignal
S_{1c}	Transmission der Gleichtaktmode
S_{1d}	Transmission der Gegentaktmode
$S_{21,L}$	Transmissionskoeffizient aus Messung ohne Probe
$S_{21,P}$	Transmissionskoeffizient aus Messung mit Probe
$S_{21,ref}$	Transmissionskoeffizient aus Referenzmessung
σ	Leitfähigkeit

T

T	Transmissionskoeffizient
t_p	Probendicke
t	Leiterhöhe
t_{iso}	Isolationsschichtdicke
$\vec{\vartheta}$	Vektor, der unbekannte Parameter zusammenfasst; hier (M_S, H_k und α)

U

U_1	Primärspannung Balun
U_2	Sekundärspannung Balun
U_{12}	Spannung zwischen den Knoten 1 und 2
U_{34}	Spannung zwischen den Knoten 3 und 4

W

w_i	Breite der Innenleitung (Koplanarleitung)

dW_m	magnetische Energie
W	Abstand
w1	Innenbreite der Wicklungen der Torus-Spule
w2	Außenbreite der Wicklungen der Torus-Spule
w_L	mittlere Leiterbreite
w_{sl}	Breite des Streifenleiters
ω	Kreisfrequenz des externen Feldes
ω_{FMR}	ferromagnetische Kreisresonanzfrequenz

Y, Z

Y	Admittanz
Z	Impedanz
Z_{in}	Eingangsimpedanz
Z_L	Wellenwiderstand
Z_q	Quellenimpedanz
Z_{sat}	Sättigungsimpedanz
Z_{soll}	Soll-Impedanz einer Leitung des Baluns
Z_0	charakteristische Impedanz
Z_{01}, Z_{02}	Bezugsimpedanzen bei der Messung eines Baluns

Abkürzungen

BCB	Bisbenzocyclobutene
CPW	Koplanarleitung
ESB	Ersatzschaltbild
FMR	ferromagnetische Resonanz
HFSS	High Frequency Structure Simulator
HF	Hochfrequenztechnik
S-Parameter	Streuparameter
NWA	Netzwerkanalysator

VSM	Vibrationsmagnetometer
TEM	Transversalelektromagnetisch
Z-Parameter	Impedanzparameter
FIB	Focused Ion Beam

1 Einleitung

Gegenstand dieser Arbeit ist die Beschreibung und die Charakterisierung neuer magnetischer Hochfrequenzmaterialien und ihrer Verwendung in verschiedenen Hochfrequenzkomponenten. Für die Kommunikationselektronik ist dies von großem Interesse, da durch den Gebrauch der magnetischen Materialien verschiedene Bauteile signifikant miniaturisiert werden können und dabei im GHz-Bereich anwendbar sind. Denn die Bauteilgröße ist sehr wichtig, um möglichst viele Komponenten auf geringer Fläche zu konzentrieren. Der Nutzen von hochpermeablen Materialien wird deutlich am Beispiel einer Spule, deren Induktivität sich idealerweise um den Faktor der relativen Permeabilität erhöhen lässt. Dementsprechend erhöht sich der Gütefaktor, wenn der Kern keine zusätzlichen Verluste verursacht. Einen weiteren Vorteil bringt das Ausrichten der harten Achse des magnetischen Materials, um die Materialien effizienter einzusetzen. Bisher verfügbare derartige Materialen haben den Nachteil geringer Permeabilität oder den hoher Leitfähigkeit, aus der im Hochfrequenzbereich Wirbelströme resultieren.

Neben der Einleitung im ersten Kapitel und der Darstellung von theoretischen Grundlagen für magnetischen Materialen im zweiten Kapitel gliedert sich diese Arbeit in drei Teilbereiche. Das dritte Kapitel widmet sich der theoretischen Beschreibung magnetischer Nanokomposite im Hochfrequenzbereich. Darauf folgt in Kapitel 4 die messtechnische Charakterisierung dieser Nanokomposite. Abschließend in Kapitel 5 werden exemplarisch Hochfrequenzbauteile, hier Spulen und Baluns, mit magnetischem Kern untersucht. Das Kapitel 6 gibt schließlich eine Zusammenfassung und einen Ausblick.

Der Fokus der theoretischen Beschreibung in Kapitel 3 liegt auf der Berechnung des komplexen Spektrums der relativen Permeabilität ($\mu_r(f) = \mu'(f) - j\mu''(f)$), abhängig von den verwendeten Materialien, deren Struktur und den verschiedenen Konfigurationen. Grundlage ist die Veröffentlichung [1]. Die dort beschriebenen Zusammenhänge werden diskutiert und erweitert. Diese theoretischen Betrachtungen bilden die Grundlagen, um die Zusammenhänge zwischen Materialparametern wie Sättigungsmagnetisierung, kristalliner Anisotropie und Dämpfungskonstanten zu untersuchen. Zusätzlich werden verschiedene Herstellungsformen wie zum Beispiel als Dünnfilm oder als magnetische Nanopartikel in einer nicht magnetischen Matrix untersucht. Mit diesen theoretischen Zusammenhängen können verschiedene Verlustmechanismen wie Wirbelströme und die ferromagnetische Resonanz untersucht werden. Natürlich lassen sich auch umgekehrt, bei gegebenen Materialanforderungen wie Permeabilität und Einsatzfrequenzbereich, Anforderungen an das Material definieren.

Neben der theoretischen Beschreibung, welche nur bei perfekter Kenntnis aller Materialparameter präzise geleistet werden kann, ist die messtechnische Bestimmung der Materialeigenschaften von großer Bedeutung. Deshalb werden in Kapitel 4 verschiedene Messmethoden untersucht. Die Messungen nutzen solche physikalischen Phänomene, wie der Änderung der Induktivität einer Spule, der magnetischen Kopplung oder der Änderung der Wellenleitereigenschaften. Die Kenntnis des gemessenen Permeabilitätsspektrums ist zwingend erforderlich, um Bauteile mit magnetischen Materialien effizient und korrekt zu entwerfen. Die Messergebnisse können als frequenzabhängige Datensätze direkt in verschiedene Simulationsprogramme eingelesen werden.

In Kapitel 5 werden verschiedene durch Dünnfilmtechnik angefertigte Hochfrequenzbauteile mit magnetischem Kern betrachtet. Es wird gezeigt, wie die Bauteile zu entwerfen sind und welche Anforderungen an das Kernmaterial daraus resultieren.

Der Nutzen von hochpermeablen Materialien wird am Beispiel von Torus-Spulen deutlich gemacht, deren Induktivität sich durch einen magnetischen Kern um den Faktor der effektiven relativen Permeabilität erhöhen lässt. Dementsprechend verbessert sich der Gütefaktor, wenn der Kern keine zusätzlichen Verluste verursacht. Anhand eines neu entwickelten Ersatzschaltbildes wird gezeigt, wie die Torus-Spulen zu entwerfen sind und welche Anforderungen an das magnetische Material gestellt werden müssen. Neben dem generellen Entwurf der Induktoren wird beispielhaft eine Optimierung unter den in dieser Arbeit geltenden Randbedingungen durchgeführt, um eine gewünschte Induktivität bei maximaler Güte zu erreichen.

Weiter werden mittels Dünnfilmtechnik hergestellte Baluns mit sehr großen Bandbreiten, beginnend im MHz-Bereich, untersucht. Baluns als Übergang von symmetrischen auf unsymmetrische Leitungen sind in der Hochfrequenztechnik von großer Bedeutung. Oft werden zum Beispiel unsymmetrische Koaxialkabel mit symmetrischen Antennen eingesetzt. Daher ist ein Balun oft Bestandteil von Antennenanlagen. Eine weitere Eigenschaft des Baluns ist die Impedanztransformation, um beispielsweise Antennen anzupassen. Ein weiteres Einsatzgebiet sind differentielle Systeme, da diese sehr störunempfindlich sind. Aufgrund der Verwendung von hochpermeablen Kernen können die geometrischen Abmessungen der Baluns sehr klein sein, verglichen mit jenen von Bauteilen, die bei diesen niedrigen Frequenzen arbeiten. Somit lassen sich diese Bauteile sehr gut in kompakte Geräte wie Handys oder Laptops integrieren.

2 Grundlagen

2.1 Magnetisches Moment

Jedes Elektron, das um einen Atomkern kreist, bildet einen Kreisstrom. Aus diesem folgt das magnetische Moment $\vec{m}$. Weiter ist ein Elektron ein massebehaftetes Teilchen, welches auf seiner Bahn mit einem Bahndrehimpuls $\vec{L}$ behaftet ist. Die Proportionalitätskonstante zwischen dem Bahndrehimpuls und dem magnetischen Moment wird als gyromagnetisches Verhältnis γ bezeichnet. Weiter geht neben dem Bahndrehimpuls auch der Impuls $\vec{S}$ des Elektronenspins ins magnetische Moment ein. Dieser existiert allerdings nur gequantelt und ist mit dem Bahndrehimpuls gekoppelt. Den Zusammenhang zwischen beiden Impulsen und dem magnetischen Moment gibt die Gleichung Gl. (2.1) an.

$$\vec{m} = -\frac{e}{2m_e}\left(\vec{L} + g_e\vec{S}\right) \qquad (2.1)$$

Hierbei ist e die Elementarladung (e = $1{,}6 \cdot 10^{-19}$ As), m_e die Masse des Elektrons, und g_e der Landéfaktor des Elektrons ($g_e \approx 2$).

2.2 Ferromagnetische Hysterese

Die Magnetisierungskurve beschreibt das Verhalten eines ferromagnetischen Materials in einem sich ändernden Magnetfeld. In Bild 2.1 ist der typische Verlauf einer ferromagnetischen Hystereseschleife mit den wichtigsten Kenngrößen dargestellt.

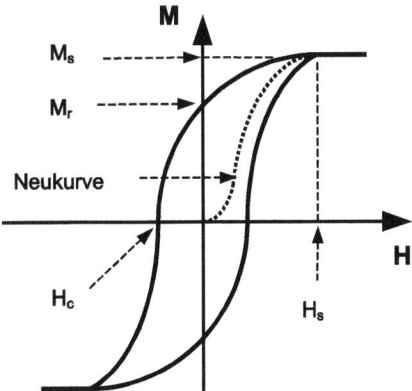

Bild 2.1: Ferromagnetische Hysteresekurve

2.3 Magnetfeldinduzierte Anisotropie

Ausgehend von einem vollständig entmagnetisierten Material, führt eine Erhöhung des externen Magnetfeldes zur Ausrichtung der magnetischen Momente infolge von Domänenwandverschiebungen und Rotationsprozessen. Dadurch wird das Material magnetisiert. Mit Zunahme des äußeren magnetischen Feldes steigt die Magnetisierung an, bis alle Domänen bzw. Momente vollständig in Feldrichtung ausgerichtet sind. Diese Feldstärke wird als Sättigungsfeldstärke H_s und die zugehörige Magnetisierung als Sättigungsmagnetisierung M_s bezeichnet. Nimmt die Feldstärke von der Sättigung wieder ab, wird jedoch nicht die Neukurve durchlaufen, sondern eine oberhalb derselben liegenden Kurve. Als Remanenzmagnetisierung M_r wird der Wert der Magnetisierung angegeben der bleibt, wenn kein äußeres Feld mehr vorhanden ist. Um die Magnetisierung wieder auf null herabzusetzen, muss die Koerzitivfeldstärke H_c angelegt werden. Die Koerzitivfeldstärke dient als wichtige Kenngröße zur Einteilung der Materialien in hartmagnetische ($H_c > 1000$ A/m) und weichmagnetische Werkstoffe ($H_c < 1000$ A/m). Eine weitere Größe, die häufig zur technischen Klassifizierung der unterschiedlichen magnetischen Materialien verwendet wird, ist die Anfangspermeabilität. Die aus der Anfangssteigung der Neukurve bestimmt werden kann.

2.3 Kristalline Anisotropie

Die Lage der magnetischen Polarisation in einem kristallinen Festkörper ist an bestimmte Richtungen gebunden – die leichte und die schwere Richtung –, welche durch die Kristallstruktur vorgegeben werden. Die bevorzugte Richtung wird als leichte Richtung bezeichnet und liegt z. B. für einkristallines Eisen entlang der <100>-Richtung und den dazu kristallsymmetrischen Achsen [2 S. 206]. Amorphe Materialien zeigen infolge des fehlenden Kristallaufbaus keine Kristallanisotropie. In kristallinen Materialien lässt sich die Kristallanisotropie durch die Größe der Kristallite beeinflussen, um so definiert bestimmte magnetische Eigenschaften einzustellen.

2.4 Magnetfeldinduzierte Anisotropie

Bei vielen ferromagnetischen Materialien kann während der Herstellung oder durch eine Wärmebehandlung im externen Magnetfeld eine leichte Richtung induziert werden. Für kristalline Materialien lässt sich die Ursache für diese auch Diffusionsanisotropie genannte Anisotropie durch das in Bild 2.2 dargestellte Modell erklären.

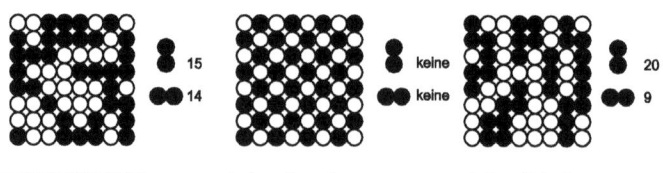

Bild 2.2: Schematische Darstellung möglicher Atomverteilungen (ungeordneter Mischkristall, isotrope Fernordnung und anisotrope Nahordnung) für eine binäre, kristalline Legierung mit Zahl der gerichteten Atompaare [2 S. 206]

2 Grundlagen

Es wird ein binärer Mischkristall aus zwei Komponenten A und B sowie mit gleicher Anzahl von Atomen betrachtet. In einem ungeordneten Mischkristall ist die Anzahl der AA- bzw. BB-Bindungen etwa gleich. Eine solche Struktur verhält sich magnetisch isotrop, genau wie ein Material mit einer isotropen Fernordnung, welche keine direkten AA- bzw. BB-Bindungen aufweist.

Anders verhält es sich, wenn sich während der Herstellung oder einer Wärmebehandlung im externen Magnetfeld eine anisotrope Nahordnung, die sich durch eine richtungsabhängige Anzahl von direkten AA- und BB-Bindungen bemerkbar macht, einstellt. Im externen Magnetfeld diffundieren die Atome auf bevorzugte Plätze mit bestimmten Atombindungen und -abständen, wodurch sich die Gesamtenergie des Systems minimiert. Dieser Zustand wird beim schnellen Abkühlen im Magnetfeld eingefroren, und das Material zeigt eine induzierte, uniaxiale Anisotropie. Dieses Modell kann auch auf amorphe und nanokristalline Bänder bzw. Schichten übertragen werden, die ebenfalls eine Nahordnung besitzen und in die sich eine Anisotropie induzieren lässt. Amorphe Materialsysteme besitzen zudem den Vorteil, dass durch die fehlende Fernordnung keine zusätzlichen Beiträge infolge der Kristallanisotropie das Induzieren der uniaxialen Anisotropie behindern [2 S. 206-207]. Eine uniaxiale Anisotropie kann in viele ferromagnetische Materialien eingeprägt werden. Die Größe der daraus resultierenden Anisotropiefeldstärke H_k und die thermische Stabilität sind jedoch sehr stark von der Zusammensetzung der Materialien und den Herstellungsbedingungen abhängig.

2.5 Effektive Inhomogenität des magnetischen Materials

Als „effektive Inhomogenität" wird in dieser Arbeit eine nicht vollständige parallele Ausrichtung der magnetischen Momente ($\vec{m}$) bezeichnet. Eine solche Materialkonfiguration ist in Bild 2.3 links gezeigt. Rechts ist das zugehörige gemessene hochfrequente Spektrum der Permeabilität eines 75nm FeCo Films dargestellt.

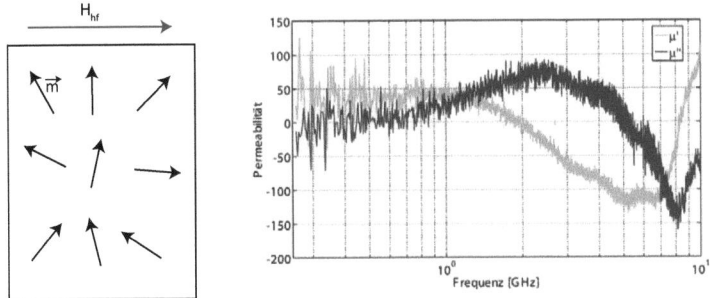

Bild 2.3: Links: nicht vollständig geordnete magnetische Momente und das daraus resultierende effektive magnetische Moment, rechts: gemessenes Permeabilitätsspektrum (75nm-FeCo-Film)

Die Inhomogenität hat zur Folge, dass die einzelnen magnetischen Momente leicht unterschiedlich mit einem magnetischen Hochfrequenz-Feld (H_{hf}) interagieren. Dies bewirkt, dass sich die Permeabilität der harten Achse reduziert, da sich die magnetischen Momente teilweise gegenseitig

2.5 Effektive Inhomogenität des magnetischen Materials

auslöschen. Weiter kommt es zu einer Erhöhung der Bandbreite der ferromagnetischen Resonanz (siehe Kap. 3.1.3), was als eine höhere Dämpfungskonstante (siehe Kap. 3.1.6) fehlinterpretiert werden kann.

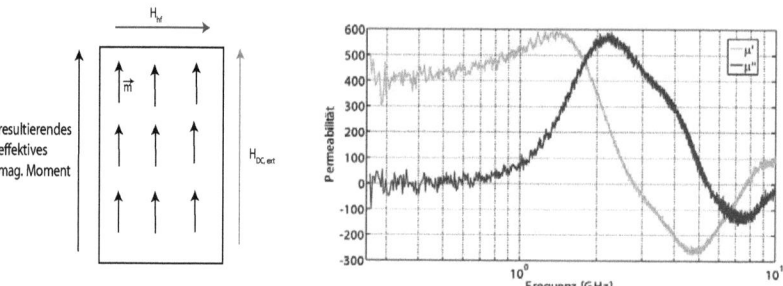

Bild 2.4: Links: vollständig geordnete magnetische Momente und das daraus resultierende effektive magnetische Moment, rechts: gemessenes Permeabilitätsspektrum (75nm-FeCo-Film)

Um alle magnetischen Momente auszurichten, wird ein wie in Bild 2.4 links gezeigtes magnetisches Gleichfeld $H_{DC,ext}$ im Winkel von 90° zur harten magnetischen Achse angelegt. Durch ein ausreichend großes Magnetfeld $H_{DC,ext}$ wird das Auftreten einer effektiven Inhomogenität unmöglich gemacht. Dies zeigt sich in der Verzehnfachung der Permeabilität bei niedrigen Frequenzen und in der geringeren Bandbreite der ferromagnetischen Resonanz.

3 Theoretische Beschreibung weichmagnetischer Nanokomposite

Dieses Kapitel beschreibt makroskopisch das Hochfrequenzverhalten weichmagnetischer Nanokomposite, beginnend mit einem Überblick über verschiedene formelmäßige Zusammenhänge, die einzelne physikalische Phänomene beschreiben. Weiter folgt eine Erweiterung der Kombination dieser Gleichungen, um gleichzeitig die Abhängigkeiten aller vorher beschriebenen physikalischen Effekte zu untersuchen.

Eine genaue Vorhersage der Materialeigenschaften ist zwingend notwendig, um Bauteile (Kap.5) mit magnetischen Materialien zu entwickeln. Die hier vorgestellten Formeln können direkt in verschiedene Simulationsprogramme, wie z. B. den „High Frequency Structure Simulator" HFSS[3], eingebunden oder als frequenzabhängige Datensätze eingelesen werden.

Der Überblick beginnt mit einer Diskussion der gängigsten Mischungsformeln (Maxwell-Garnett und Bruggeman). Darüber hinaus wird eine generalisierte Bruggemanformel für nicht sphärische Partikel und mehr als zwei Phasen untersucht. Als Nächstes folgt das Verhalten der Permeabilität bei der ferromagnetischen Resonanz und es wird der Einfluss von Wirbelströmen für isolierte und nicht isolierte kugelförmige Partikel untersucht.

Kap.3.3 kombiniert alle vorher beschriebenen physikalischen Effekte. Insbesondere werden die Abhängigkeiten von verschiedenen Packungsarten beschrieben. Abschießend folgt ein Vergleich der Berechnungen mit praktischen Messdaten.

3.1 Überblick

3.1.1 Mischungsformeln

3.1.1.1 Grundlegende Mischungsformeln

Um die effektive Permeabilität μ^{eff} eines Zweiphasenkomposits, beschrieben durch Phase a und Phase b, zu berechnen, kann die Maxwell-Garnett-Gleichung (MG) benutzt werden. MG gilt für kugelförmige Partikel, die in der zweiten Phase eingebettet sind. Abhängig davon, welche Phase eingebettet vorliegt, ergeben sich zwei Gleichungen MGa und MGb. Ist Phase a in Phase b eingebettet, ergibt sich MGa als[4]:

$$\frac{\mu^{eff}/\mu_b - 1}{\mu^{eff}/\mu_b + 2} = c_a \frac{\mu_a/\mu_b - 1}{\mu_a/\mu_b + 2}. \tag{3.1}$$

Dabei ist c_a bzw. c_b der Füllfaktor der Phase a bzw. b mit den jeweiligen Permeabilitäten μ_a oder μ_b. Andererseits, wenn Phase b in a eingebettet ist, ergibt sich MGb [4] als:

3.1 Überblick

$$\frac{\mu^{eff}/\mu_b - \mu_a/\mu_b}{\mu^{eff}/\mu_b + 2\mu_a/\mu_b} = c_b \frac{1 - \mu_a/\mu_b}{1 + 2\mu_a/\mu_b}. \quad (3.2)$$

Weiter gilt $c_b = 1 - c_a$. Die Maxwell-Garnett-Gleichung (MGa) ist gültig für kleine Werte von c_a und MGb für große Werte c_a.

Eine verbesserte Methode, die auch für mittlere Füllfaktoren gilt, ist die Bruggemanformel [5]. Diese ist gegeben als:

$$c_a \frac{\mu^{eff}/\mu_b - \mu_a/\mu_b}{2\mu^{eff}/\mu_b + \mu_a/\mu_b} + c_b \frac{\mu^{eff}/\mu_b - 1}{2\mu^{eff}/\mu_b + 1} = 0. \quad (3.3)$$

Die aus diesen drei Methoden resultierenden Ergebnisse sind in Bild 3.1 gezeigt.

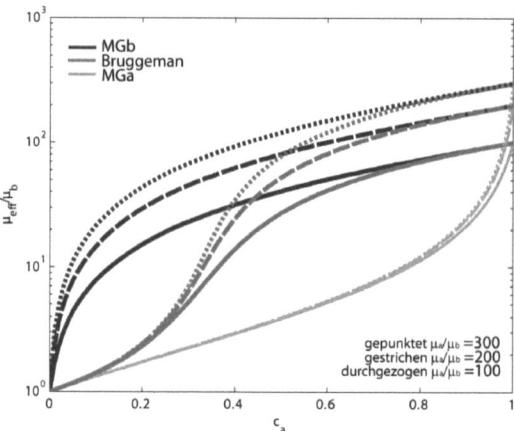

Bild 3.1: Effektive Permeabilität über dem Füllfaktor, berechnet für die drei vorgestellten Methoden mit unterschiedlichen Permeabilitätsverhältnissen

Wie aus Bild 3.1 ersichtlich ist, liefern die Maxwell-Garnett-Gleichung a (MGa) und die Bruggemanformel für kleine Füllfaktoren übereinstimmende Werte; für große Füllfaktoren gilt Gleiches für die Bruggemanformel und die Maxwell-Garnett-Gleichung b (MGb). Bei mittleren Füllfaktoren liefert die Bruggemanformel Werte, die zwischen MGa und MGb liegen.

3.1.1.2 Mischungsformeln für nicht kugelförmige Partikel

Die drei diskutierten Methoden gehen von dem Spezialfall kugelförmiger Partikel aus. Für den allgemeinen Fall nicht kugelförmiger, aber gleicher Partikel mit verschiedenen Größen kann die

Bruggemanformel, unter der Voraussetzung gleicher Ausrichtung, zur folgenden Form generalisiert werden [1]:

$$c_a \frac{\mu^{eff}/\mu_b - \mu_a/\mu_b}{\mu^{eff}/\mu_b + (\mu_a/\mu_b - \mu^{eff}/\mu_b)N_k} + c_b \frac{\mu^{eff}/\mu_b - 1}{\mu^{eff}/\mu_b + (1 - \mu^{eff}/\mu_b)N_k} = 0 \quad (3.4)$$

Weiter wird davon ausgegangen, dass das magnetische Material in z-Richtung gesättigt ist ($\mu_z = 1$). Damit kann in z-Richtung kein zusätzliches magnetisches Moment durch ein externes Feld erzeugt werden. Bild 3.2 zeigt die richtungsabhängigen, effektiven Permeabilitäten für verschiedene Formfaktoren. In Gl. (3.4) ist N_k der Formfaktor der Partikel längs der Richtung des magnetischen Hochfrequenzfeldes (d.h., k = x oder y, schwere Richtung[1]). Die genaue Bestimmung dieser Form- oder Entmagnetisierungsfaktoren wird in [6 S. 97] und [7 S. 541] beschrieben.

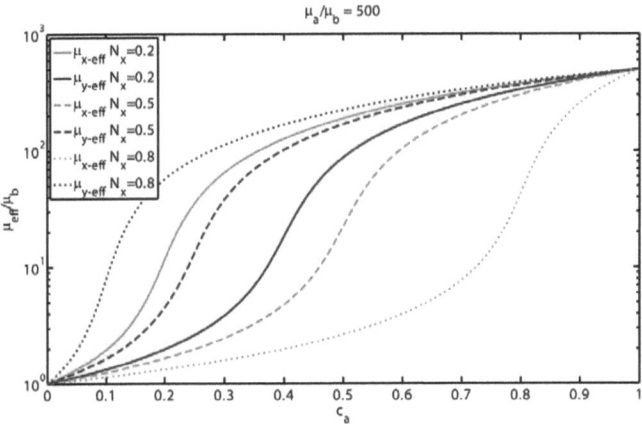

Bild 3.2: Effektive Permeabilität in verschiedenen Richtungen über dem Füllfaktor c_a, bestimmt mit Gl. (3.4) beispielhaft für drei verschiedene N_x. Dabei gilt $N_y = N_z = (1-N_x)/2$ und $\mu_a/\mu_b = 500$.

Aus Bild 3.2 geht hervor, dass die Anisotropie des Materials stark von dem Formfaktor abhängt. Dies wird noch genauer in den folgenden Bildern gezeigt; es wird die Abhängigkeit zwischen der effektiven Permeabilität und dem Formfaktor in x-Richtung bei verschiedenen Füllfaktoren dargestellt.

---

[1] Schwere Richtung engl. hard axis.

3.1 Überblick

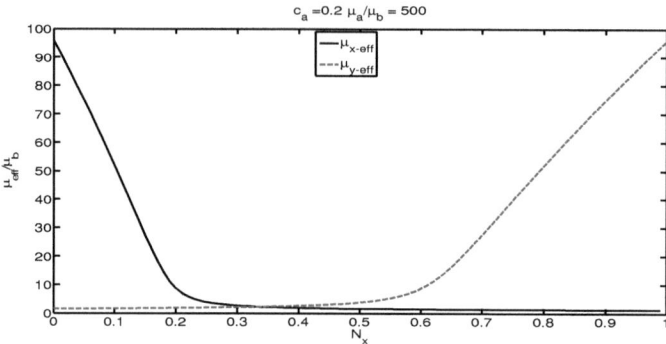

Bild 3.3: Effektive Permeabilität abhängig von N_x bei $c_a = 0.2$

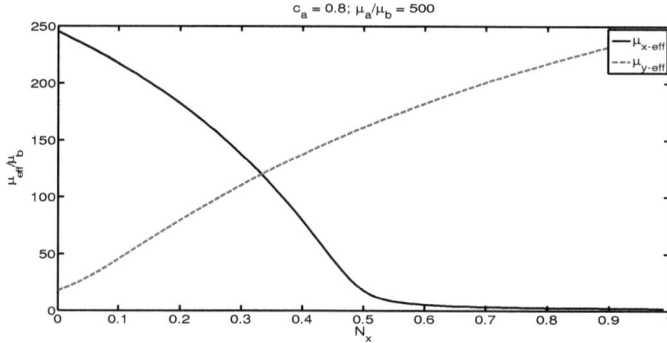

Bild 3.4: Effektive Permeabilität abhängig von N_x bei $c_a = 0.5$

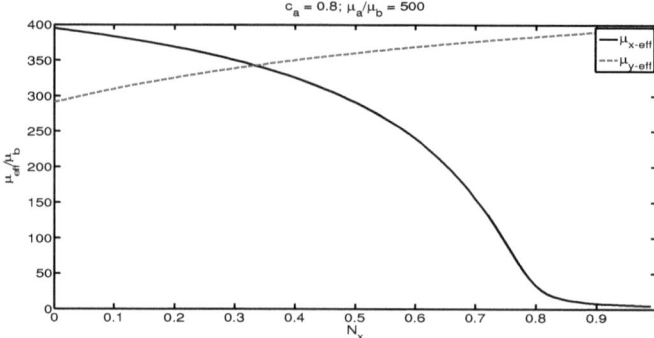

Bild 3.5: Effektive Permeabilität abhängig von N_x bei $c_a = 0.8$

Dabei gilt für Bild 3.3 bis Bild 3.5 $N_y = N_z = (1-N_x)/2$ und $\mu_a/\mu_b = 500$. Es zeigt sich, dass bei $N_x = 1/3 = N_z = N_y$ wie erwartet $\mu^{eff}_x = \mu^{eff}_y$ ist.

Aufgrund des signifikanten Einflusses von N_k auf die Permeabilität wird im Folgenden genauer auf N_k eingegangen. Dabei wird vorausgesetzt, dass das Material in z-Richtung gesättigt ist.

Der erste betrachtete Fall ist $N_x = N_y = N_z = 0$. Dies gilt, wenn das Material als homogen angenommen wird. Die anderen Grenzfälle sind $N_x = 1$, $N_y = N_z = 0$ und $N_x = N_y = 0, N_z = 1$, was einer Dünnschicht mit einer Flächennormalen parallel zur z- bzw. x-Achse entspricht. Für kugelförmige Partikel gilt $N_x = N_y = N_z = 1/3$; dadurch vereinfacht sich (3.4) zu (3.3). Im Falle stabförmiger magnetischer Partikel parallel zur z-Achse ergibt sich $N_x = 0.5$, $N_y = 0.5, N_z = 0$. Bei einem Aspektverhältnis von 2 folgt $N_x = 0.43$, $N_y = 0.43$, $N_z = 0.14$. In Referenz [1] sind weitere Entmagnetisierungsfaktoren aufgelistet. Die Beweise für die Gleichungen (3.2), (3.3) und (3.4) findet man in den Quellen [6 S. 47] und [8].

Als Letztes wird der Fall betrachtet, wo das Komposit aus mehr als zwei nicht kugelförmigen Phasen besteht. Hier folgt für N Phasen die generalisierte Bruggemanformel als:

$$\sum_{j=1}^{N} c_j \frac{\mu^{eff} - \mu_j}{2\mu^{eff} + \mu_j} = 0, \qquad (3.5)$$

dabei sind μ_j und c_j die Permeabilität und der Füllfaktor der j-ten Phase.

3.1.2 Mehrlagensysteme

In diesem Kapitel werden zwei Mehrlagensysteme betrachtet. Das erste ist ein Mehrlagensystem, bei dem das magnetische Feld normal zu den Schichten ausgerichtet ist. Die Permeabilität der Lage a wird mit μ_a bezeichnet, mit μ_b die der Lage b. Gewichtet werden die Lagen mit den dazugehörigen Füllfaktoren c_a und c_b. Unter der Voraussetzung, dass $c_b = 1 - c_a$ gilt, folgt die effektive Permeabilität μ_{eff} als [6 S. 39]:

$$\mu_{eff} = \frac{\mu_a \mu_b}{c_a \mu_b + (1-c_a)\mu_a}. \qquad (3.6)$$

Allerdings wird sich bei den folgenden Untersuchungen zeigen (Kap.5.1.2.3), dass diese Formel ihre Gültigkeit bei Schichtdicken im unteren μm-Bereich verliert.

Von höherer Relevanz ist das zweite System, in dem das magnetische Feld parallel zu den Lagen anliegt. Für ein solches ergibt sich μ_{eff} als:

$$\mu_{eff} = c_a \mu_a + (1-c_a)\mu_b. \qquad (3.7)$$

Dabei entspricht das magnetische Verhalten genau dem einer Dünnschicht mit einer zum Füllfaktor proportionalen Reduzierung der Permeabilität, wobei sich die ferromagnetische Resonanz nicht verändert.

3.1.3 Ferromagnetische Resonanz

Im folgenden Kapitel werden physikalische Eigenschaften beschrieben, die die magnetischen Hochfrequenzeigenschaften des homogenen Materials verändern bzw. die obere Grenzfrequenz darstellen. Diese Eigenschaften werden durch Form, Isolation oder nicht vorliegende Isolation der Partikel beeinflusst.

Klassisch erfolgt die Beschreibung der ferromagnetischen Resonanz (FMR) eines ferromagnetischen Körpers im äußeren magnetischen Gleichfeld als Präzession des mechanischen Drehimpulses der Elektronen und ihres damit gekoppelten magnetischen Momentes mit der Larmorfrequenz f_l

$$\omega_l = 2\pi f_l = |\gamma| H_{eff} \qquad (3.8)$$

Hierbei repräsentieren γ das gyromagnetische Verhältnis und H_{eff} den Effektivwert des äußeren Gleichfeldes am Ort des Elektrons. Für Elektronen wird die gyromagnetische Konstante ($g_e = 2$) mit $\gamma = 176$ MHz/T angegeben [7 S. 530]. Die Präzessionsbewegung des Spins ist im Allgemeinen gedämpft. Innerhalb einer Zeit der Größenordnung von 10^{-8} s klingt sie ab, d.h., die Magnetisierung stellt sich in Richtung von H_{eff} ein (Bild 3.6 a). Die Präzessionsbewegung kann jedoch durch ein senkrecht zu H_{eff} gerichtetes hochfrequentes Wechselfeld H_{hf}, dessen Frequenz gleich der Larmorfrequenz f_l ist, aufrechterhalten werden, wobei dem Hochfrequenzfeld Energie entzogen wird (Bild 3.6 b). Dies bezeichnet man als ferromagnetische Resonanz.

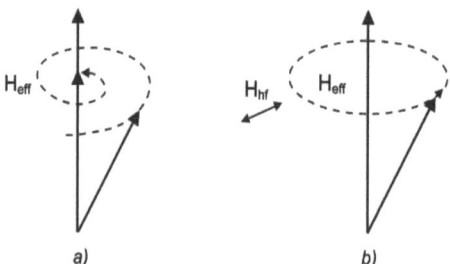

Bild 3.6: Schematische Darstellung einer gedämpften (a) und einer ungedämpften Spinpräzession (b) um ein effektives Feld H_{eff} für ein anliegendes HF-Feld H_{hf}.

Die FMR stellt das ferromagnetische Analogon zur magnetischen Kernspinresonanz und zur paramagnetischen Resonanz dar.

3.1.3.1 Ferromagnetische Resonanz bei isolierten magnetischen Partikeln

Um den Effekt der ferromagnetischen Resonanz genauer zu betrachten, gehen wir vorerst von einzelnen verlustfreien ($\alpha = 0$) magnetischen Partikeln aus. In diesem Fall wird die FMR durch die Landau-Lifshitz-Gleichung bestimmt, welche gegeben ist als:

$$\frac{d\vec{M}}{dt} = \mu_0 \gamma \vec{M} \times \vec{H}. \qquad (3.9)$$

Dabei ist $\vec{M}$ die Gesamtmagnetisierung und $\vec{H}$ das interne magnetische Feld. Unter den Annahmen, dass die Magnetisierung in z-Richtung gleich M_s ist, die kristalline Anisotropie H_k das magnetisches Feld in z-Richtung darstellt und dass das HF-Feld parallel zur x- oder y-Achse angelegt wird, kann das magnetische Feld beschrieben werden als: $H_j = H_{ext,j} - A_j M_j$, ($j = x, y, z$), wobei das externe magnetische Feld gegeben ist als: $\vec{H}_{ext}: (H_x, H_y, H_k)$. Der Entmagnetisierungsfaktor $\vec{A} \equiv (A_x, A_y, A_z)$ ist im vorliegenden Fall gleich dem Formfaktor $\vec{N} \equiv (N_x, N_y, N_z)$. Der Einfluss von $\vec{A}$ bzw. $\vec{N}$ soll später noch genauer untersucht werden. Für diesen Fall folgt der Lösung der Landau-Lifshitz-Gleichung ein frequenzabhängiger Permeabilitätstensor $\overline{\mu}$. Dabei gilt $\vec{M} = (\overline{\mu} - \overline{U})\vec{H}_{ext}$ mit $\overline{U}$ als der Einheitsmatrix. Somit folgen die Diagonalelemente des Permeabilitätstensors, die die magnetischen Eigenschaften in der jeweiligen Richtung beschreiben, als:

$$\mu_{xx} = \frac{\omega_m \left(\omega_{FMR} + \omega_m A_y\right)}{\omega_{FMR}^2 - \omega^2 + \omega_{FMR}\omega_m \left(A_x + A_y\right) + \omega_m^2 A_x A_y} + 1, \qquad (3.10)$$

$$\mu_{yy} = \frac{\omega_m \left(\omega_{FMR} + \omega_m A_x\right)}{\omega_{FMR}^2 - \omega^2 + \omega_{FMR}\omega_m \left(A_x + A_y\right) + \omega_m^2 A_x A_y} + 1, \qquad (3.11)$$

$$\mu_{zz} = 1. \qquad (3.12)$$

Dabei ist ω_{FMR} die ferromagnetische Resonanzfrequenz [8 S. 381], weiter ist $\omega_m = \mu_0 \gamma M_s$ und ω die Kreisfrequenz des externen HF-Feldes. Diese Gleichungen gelten unter der Voraussetzung, dass alle magnetischen Partikel gleich ausgerichtet sind.

Die ferromagnetische Resonanz tritt auf, wenn μ_{xx} bzw. μ_{yy} eine Singularität aufweist. Eine Singularität bedeutet, dass der Nenner der Gleichungen (3.10) und (3.11) gleich Null wird. Diese Frequenz, die ferromagnetische Resonanzfrequenz (ω_{FMR} oder f_{FMR}), wird auch durch die bekannte Kittelgleichung Gl. (3.13) beschrieben [9 S. 352]:

$$2\pi f_{FMR} = \omega_{FMR} = \mu_0 \gamma \sqrt{\left(H_k + (A_x - A_z)M_s\right)\left(H_k + (A_y - A_z)M_s\right)}. \qquad (3.13)$$

Um auftretende Verluste mit einzubeziehen, muss ω_0 durch $\omega_0 + j\alpha\omega$ ersetzt werden, wobei α eine materialabhängige Dämpfungskonstante ist.

3.1 Überblick

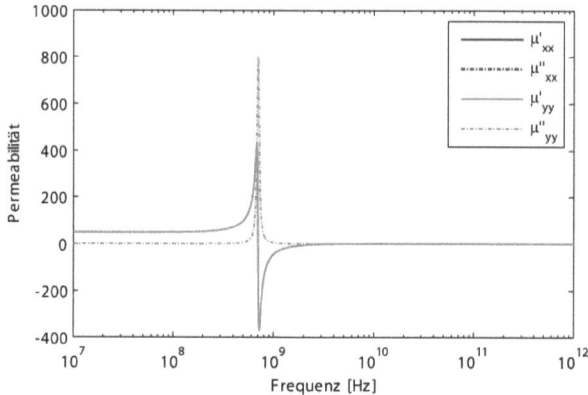

Bild 3.7: Permeabilität homogener ($\vec{A} = [0; 0; 0]$) und kugelförmiger ($\vec{A} = [0,3; 0,3; 0,3]$) Partikel (Materialparameter: $\mu_0 M_s = 1,2$ T, $\mu_0 H_k = 0,025$ T und $\alpha = 0.03$)

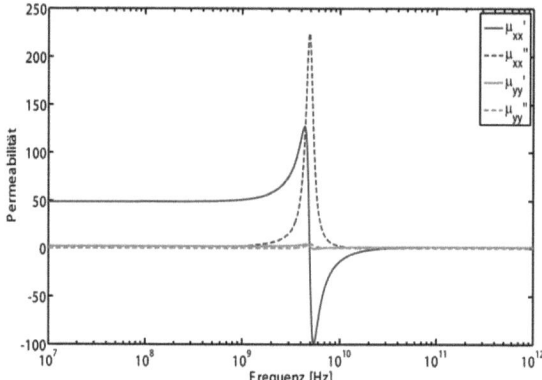

Bild 3.8: Permeabilität einer Dünnschicht ($\vec{A} = [0; 1; 0]$) mit Filmnormalen parallel zur y-Achse (Materialparameter: $\mu_0 M_s = 1,2$ T, $\mu_0 H_k = 0,025$ T und $\alpha = 0.03$)

3 Theoretische Beschreibung weichmagnetischer Nanokomposite

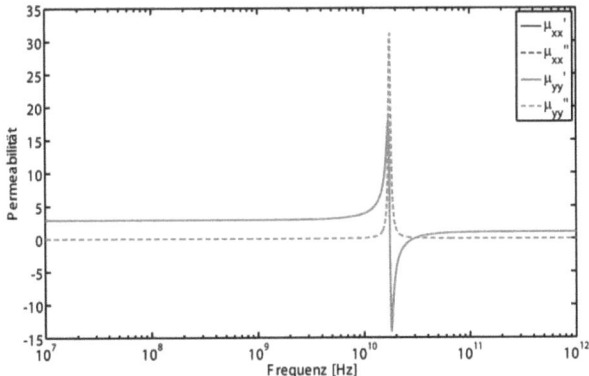

Bild 3.9: Permeabilität eines unendlich ausgedehnten Stabes ($\vec{A} = [0,5; 0,5; 0]$) (Materialparameter: $\mu_0 M_s = 1,2$ T, $\mu_0 H_k = 0,025$ T und $\alpha = 0.03$)

Bild 3.7 bis Bild 3.9 zeigen die Real- (μ') und Imaginärteile (μ'') von μ_{xx} und μ_{yy} für verschiedene isolierte magnetische Partikel. Die Materialparameter M_s, H_k und α sind bei allen Berechnungen konstant, nur der Entmagnetisierungsfaktor $\vec{A}$ wird variiert.

Wie erwartet, zeigt sich im Frequenzverhalten der Permeabilität kein Unterschied zwischen homogenen und kugelförmigen Partikeln. Liegt die Filmnormale parallel zur y-Achse (Bild 3.8), so zeigt sich eine stark anisotrope Permeabilität, mit einer hohen Permeabilität in x-Richtung, aber einer sehr niedrigen in y-Richtung. Die f_{FMR} ist erwartungsgemäß bei beiden Richtungen gleich. Bei einem unendlich ausgedehnten Stab zeigt sich eine kleine, isotrope Permeabilität mit einer sehr hohen ferromagnetischen Resonanzfrequenz. Damit wurde gezeigt, dass für unterschiedliche Formfaktoren verschiedene Materialeigenschaften realisiert werden können.

Die Abhängigkeit der f_{FMR} von den Formfaktoren $\vec{N}$ (bei isolierten Partikeln gleich $\vec{A}$) wird noch genauer in Bild 3.10 gezeigt.

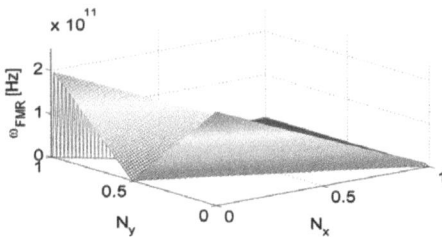

Bild 3.10: ω_{FMR} abhängig von den Formfaktoren N_x, N_y (Materialparameter: $\mu_0 M_s = 1,2$ T, $\mu_0 H_k = 0,025$ T und $\alpha = 0.03$)

Bei der Berechnung des Graphen in Bild 3.10 wird davon ausgegangen, dass $N_z = 1 - (N_x + N_y)$ ist. Die maximale FMR wird bei $N_x = 0$, $N_y = 0$, $N_z = 1$, also bei einer Dünnschichtkonfiguration, bei der die Filmnormale parallel zur z-Achse liegt, erreicht.

3.1 Überblick

Durch die Variation der Formfaktoren lassen sich die richtungsabhängige Permeabilität und die FMR stark beeinflussen. Tabelle 3.1 bietet eine Zusammenfassung der wichtigsten Formen und der zugehörigen Kenngrößen.

Form	N_x	N_y	N_z	$\mu'_{xx}(\omega=0)$	$\mu'_{yy}(\omega=0)$	ω_{FMR}
homogenes Material	0	0	0	M_s/H_k+1	M_s/H_k+1	$\mu_0\gamma H_k$
Kugel	1/3	1/3	1/3	M_s/H_k+1	M_s/H_k+1	$\mu_0\gamma H_k$
Dünnschicht Normale $\parallel x$	1	0	0	≈ 2	M_s/H_k+1	$\approx \mu_0\gamma\sqrt{H_k M_s}$
Dünnschicht Normale $\parallel z$	0	0	1	≈ 0	≈ 0	$\approx \mu_0\gamma M_s$
Stab	1/2	1/2	0	≈ 3	≈ 0	$\mu_0\gamma M_s/2$

Tabelle 3.1: Zusammenfassung einiger Formfaktoren und der zugehörigen Materialeigenschaften

Aufgrund der hohen, anisotropen Permeabilität und hohen FMR sind für Hochfrequenzanwendungen die Dünnschicht, bei der die Flächennormale nicht parallel zur z-Achse ist, und der Stab relevant.

3.1.4 Entmagnetisierungsfaktor nicht isolierter magnetischer Partikel

Im Fall nicht isolierter Partikel befindet sich jedes magnetische Teilchen in einer Umgebung, die eine effektive Permeabilität μ^{eff} besitzt. Um dies zu berücksichtigen, muss der Entmagnetisierungsfaktor $\vec{A}$ wie in [1] beschrieben angepasst werden zu:

$$\vec{A} = \frac{\mu_a/\mu_b - \mu^{eff}/\mu_b}{\mu^{eff}\left(\mu_a/\mu_b - 1\right)} \vec{N}. \tag{3.14}$$

Dabei sind μ_a und μ_b die Permeabilitäten der magnetischen und der nicht magnetischen Phase. Gleichung (3.14) wird später verwendet, um die effektive Permeabilität μ^{eff} eines Komposits zu berechnen.

3.1.5 Wirbelströme

In leitfähigen Medien können sich, bedingt durch magnetische Wechselfelder, Wirbelströme ausprägen. Diese führen zum zweiten physikalischen Verlustmechanismus. Im Allgemeinen können diese Wirbelströme unterhalb der ferromagnetischen Resonanz auftreten. Sie beeinflussen somit die magnetischen Hochfrequenzeigenschaften des Materials. Hauptsächlich verursachen Wirbelströme durch Feldverdrängung erhebliche Verluste. Um dies zu verhindern, müssen bei der Nutzung des magnetischen Materials die Wirbelströme minimiert werden. Dies wird durch geeignete Dimensionierungen des magnetischen Materials (Mehrlagenkern oder nanostrukturierte magnetische Partikel) erreicht.

3.1.5.1 Wirbelströme bei isolierten magnetischen Partikeln

Als Nächstes sollen Wirbelströme bei magnetisch isolierten Partikeln diskutiert werden. Es wird angenommen, dass die kugelförmigen, magnetischen Partikel in einer nicht magnetischen Matrix eingebettet sind. Für diesen Fall folgt die Permeabilität μ^p_{eddy} nach [1] als:

$$\mu^p_{eddy} = \varepsilon(R_P, \omega)\mu^p. \qquad (3.15)$$

Dabei wird die Permeabilität μ^p des magnetischen Materials mit dem Wirbelstromfaktor $\varepsilon(R_P,\omega)$ multipliziert. Dieser folgt aus der Theorie der Mie-Streuung[2]. Als Mie-Streuung wird die Streuung elektromagnetischer Wellen an sphärischen Objekten bezeichnet. Es werden sowohl Objekte, deren Durchmesser in etwa der Wellenlänge der Strahlung entsprechen, als auch kleinere Partikel exakt beschrieben. Der Wirbelstromfaktor folgt aus [1] als:

$$\varepsilon(R_P,\omega) = 2\frac{kR_P \cos(kR_P) - \sin(kR_P)}{\sin(kR_P) - kR_P \cos(kR_P) - k^2 R_P^2 \sin(kR_P)}. \qquad (3.16)$$

Hier ist R_P der Kugelradius. Die Größe k berechnet sich als: $k = \sqrt{-j\sigma\omega\mu^p} = (1-j)\sqrt{\sigma\omega\mu^p/2}$, mit der Leitfähigkeit σ. Somit ist der Spitzenwert des Imaginärteils konstant und unabhängig von anderen Größen (Bild 3.11). Zudem ist zu beachten, dass Gl. (3.16) abhängig von $R_P k = \sqrt{-j\sigma\omega\mu^p}R_P$ ist, was bedeutet, dass beispielsweise eine Multiplikation von σ mit der Konstante c den gleichen Effekt hat wie die Multiplikation der Frequenz mit der gleichen Konstante.

---

[2] Mie Theory.

3.1 Überblick

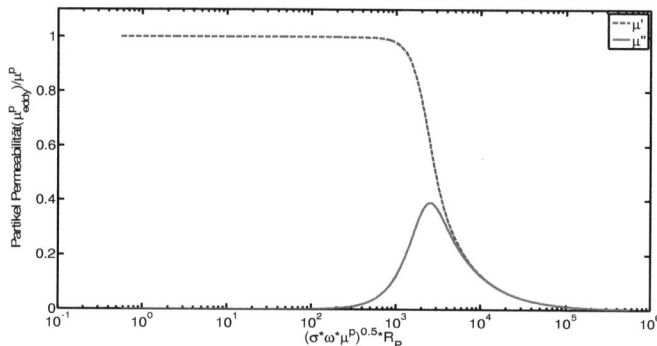

Bild 3.11: Real- und Imaginärteil der Permeabilität kugelförmiger Partikel abhängig von $R_P\sqrt{-i\sigma\omega\mu^p}$

3.1.5.2 Wirbelströme bei nicht isolierten magnetischen Partikeln

Das folgende Kapitel beschäftigt sich mit Wirbelströmen bei nicht isolierten magnetischen Partikeln. „Nicht isoliert" bedeutet, dass sich die Partikel berühren können. Entscheidend sind der Füllfaktor und statistische Effekte der Clusterbildung. Aus der Annahme, dass, wenn sich m kugelförmige Partikel mit dem Radius R_P berühren, ein größerer kugelförmiger Cluster entsteht, dessen Volumen m-Mal so groß ist, resultiert der effektive Radius (R_m) des Clusters:

$$R_m = R_P m^{\frac{1}{3}}. \tag{3.17}$$

Dabei ist R der Radius der einzelnen Partikel. Der resultierende Füllfaktor c des Clusters ergibt sich nach [1] als:

$$c_m = mc^m(1-c)^2, \tag{3.18}$$

mit c_m als Füllfaktor der einzelnen Partikel. Weiter gilt:

$$\sum_{m=1}^{\infty} c_m = c. \tag{3.19}$$

Die effektive Permeabilität des Kompositsystems kann mit Hilfe der generalisierten Bruggemanformel berechnet werden als [1]:

$$\sum_{i=1}^{Q_P} c_i \frac{\varepsilon(R_i,\omega)\mu^p - \mu^{eff}}{\varepsilon(R_i,\omega)\mu^p + 2\mu^{eff}} + \left(1 - \sum_{i=1}^{Q_P} c_i\right) \frac{1-\mu^{eff}}{1+2\mu^{eff}} = 0 = f(\mu^{eff}). \tag{3.20}$$

Summiert wird über die Partikel bis zur Clustergröße (Q_P) (Q_P sollte ausreichend groß gewählt werden). Gleichung (3.20) kann beispielsweise numerisch mit Hilfe eines Newton-Raphson-Algorithmus gelöst werden.

3.1.6 Dämpfungskonstante α

Um den Einfluss der materialabhängigen Dämpfungskonstante α zu untersuchen, werden M_s und H_k konstant gehalten, während α variiert wird.

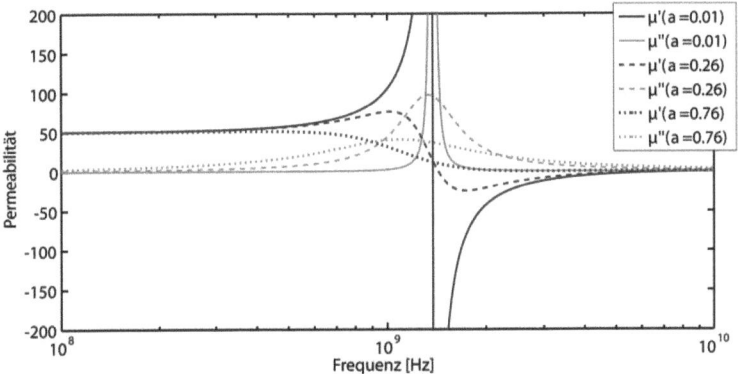

Bild 3.12: Einfluss von α auf die ferromagnetische Resonanz (Materialparameter: $\mu_0 M_s$ = 2,4 T, $\mu_0 H_k$ = 0,0049 T)

In Bild 3.12 zeigt sich, dass die Güte des Materials umso kleiner wird, desto größer α ist.

3.2 Kombination der Gleichungen

In Kap 3.1 wurden die für die makroskopische Beschreibung des Hochfrequenzverhaltens weichmagnetischer Nanokomposite benötigten Gleichungen zusammengefasst. Jede beschreibt für sich ein physikalisches Phänomen, ist aber von den Ergebnissen der anderen Gleichungen abhängig. Genauer: Die Frequenzabhängigkeit der Partikelpermeabilität (μ^p) wird durch die Gleichungen (3.10) und (3.11) beschrieben. Um die Partikelpermeabilität bestimmen zu können, muss $A_{x,y,z}$, siehe Gleichung (3.14), gelöst werden. Dabei besteht das Problem, dass Gleichung (3.14) noch von unbekannten Größen der Partikelpermeabilität und der effektiven Permeabilität(μ^{eff}) abhängt. Die effektive Permeabilität kann mit Gleichung (3.20) berechnet werden, wobei die Kenntnis der Partikelpermeabilität vorausgesetzt ist. Eine mögliche Lösung dieses Gleichungssystems wird in [1] vorgestellt. Zusätzlich werden in dieser Arbeit mögliche Wirbelströme berücksichtigt. Um dieses System von abhängigen Gleichungen lösen zu können, wurde es in dieser Arbeit nach dem in Bild 3.13, dargestellten kommutativen Diagramm gelöst.

3.3 Anwendung der theoretischen Ergebnisse

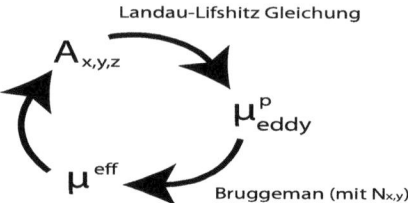

Bild 3.13: System von abhängigen Gleichungen

Konvergenz erfolgt nur bei geeigneter Wahl eines Startpunktes, beispielsweise kann μ^p (μ_{xx} oder μ_{yy}) aus Tabelle 3.1 gewählt werden. Bei Konvergenz können die unbekannten Größen $A_{x,y,z}$, μ^p_{eddy}, μ^{eff} bestimmt werden.

3.3 Anwendung der theoretischen Ergebnisse

Jetzt werden die Ergebnisse aus Kap. 3.1 und Kap. 3.2 für verschiedene Beispiele angewandt. Dabei wird von nanostrukturierten, magnetischen Partikeln in einer nicht magnetischen Matrix ausgegangen. Es können sowohl Wirbelströme als auch die ferromagnetische Resonanz auftreten. Dabei hängen die resultierenden Hochfrequenzeigenschaften von der Partikelform und -packung ab. Diskutiert werden die drei häufigsten Packformen (homogenes Material, Dünnschicht und Mehrlagenfilm).

3.3.1 Homogenes Material

Homogen bedeutet, dass von einem unendlich ausgedehnten Material ausgegangen werden kann. Diese Struktur ist eine gute Näherung für Materialien, bei denen die Grenzen weit auseinanderliegen oder bei denen sich das gesamte magnetische Feld im Inneren des Materials befindet. Es wird auch näherungsweise der Fall erfasst, dass sich die Grenzflächen des Materials in Bereichen vernachlässigbarer Feldstärke befinden, also einen vernachlässigbaren Entmagnetisierungsfaktor haben. Zur Bestimmung der Permeabilität wird eine Lösung des Systems von abhängigen Gleichungen (Bild 3.13) gefunden.

Als Beispiel soll ein Nanokomposit betrachtet werden, bei dem kugelförmige Partikel mit einem Radius von 500 nm in einer nicht magnetischen Matrix eingebettet sind. Bei den folgenden Berechnungen wird die Leitfähigkeit variiert, während die folgenden Materialparameter konstant gehalten werden: $\mu_0 M_s = 1{,}3$ T, $\mu_0 H_k = 0{,}0025$ T und $\alpha = 0{,}015$. Die Ergebnisse sind in Bild 3.14 bis Bild 3.16 zu sehen.

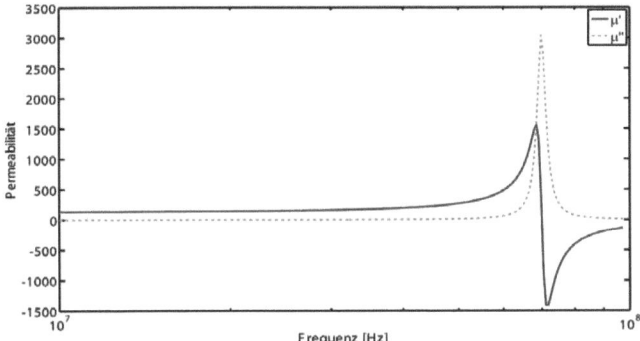

Bild 3.14: Permeabilität des homogenen Materials mit $\sigma=10^6$ S/m

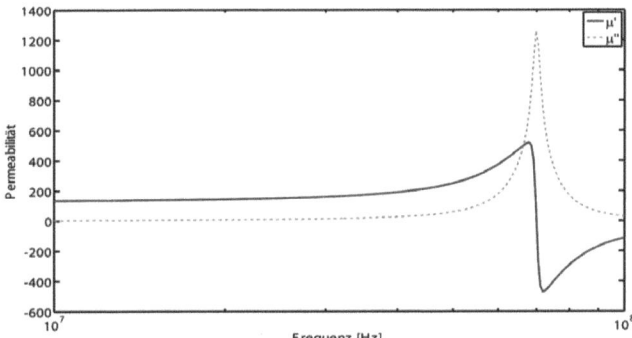

Bild 3.15: Permeabilität des homogenen Materials mit $\sigma=10^7$ S/m

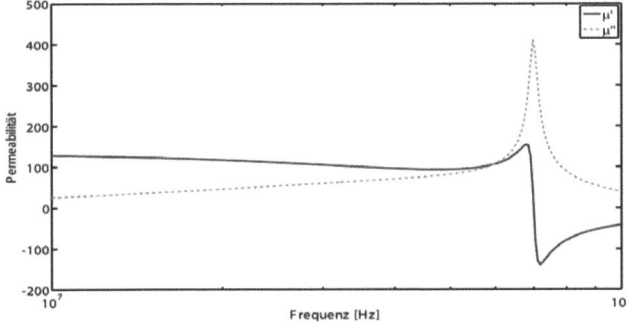

Bild 3.16: : Permeabilität des homogenen Materials mit $\sigma=10^8$ S/m

Bei einer Leitfähigkeit von 10^6 S/m ist im Permeabilitätsspektrum nur die FMR bei etwa 70 MHz zu sehen. Steigt die Leitfähigkeit auf 10^7 S/m, so ist die ferromagnetische Resonanz wesentlich breitbandiger und stärker gedämpft. Im dritten Fall, bei einer Leitfähigkeit von 10^8 S/m, verursacht sie ab ca. 20 MHz Wirbelstromverluste. Dies wird ersichtlich aus dem abnehmenden Realteil und dem ansteigenden Imaginärteil; weiter ist die FMR noch stärker gedämpft. Ein analoges Auftreten von Wirbelströmen kann auch bei einer Variation des Radius beobachtet werden.

3.3.2 Dünnschichtlimit

Eine entscheidende Einflussgröße im Verhalten von Nanokompositen ist die Form der magnetischen Partikel (Tabelle 3.1). Vergleicht man das homogene Material mit einem Dünnfilm, so verschiebt sich nur die ferromagnetische Resonanz zu höheren Frequenzen. Ursache für diese Veränderung sind die Randeffekte. Wegen dieser hohen FMR und der einfachen Herstellbarkeit (z. B. durch Sputtern) werden für hochfrequenztechnische Anwendungen häufig magnetische Dünnschichten verwendet.

Die Dünnschicht wird genau wie das zuvor betrachtete homogene Material analysiert, wobei ein Unterschied in der Berechnung des Entmagnetisierungsfaktors A_x in x-Richtung (parallel zur Filmnormalen) gemacht wird. Für A_x gilt nach [1]:

$$A_x = 1 - \left(A_y + A_z\right). \tag{3.21}$$

A_y und A_z werden weiterhin mit Gleichung (3.14) bestimmt. Um die Vergleichbarkeit mit dem homogenen Material zu gewährleisten, werden die gleichen Materialparameter verwendet ($\mu_0 M_s = 1,3$ T, $\mu_0 H_k = 0.0025$ T und $\alpha = 0.015$). Ergebnisse zeigen Bild 3.17 bis Bild 3.19

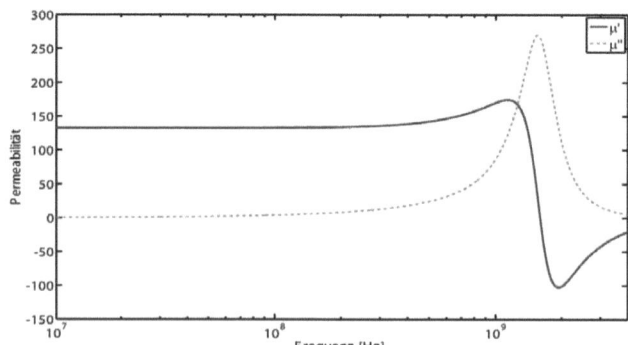

Bild 3.17: Dünnschichtpermeabilität bei $\sigma=10^6$ S/m

3 Theoretische Beschreibung weichmagnetischer Nanokomposite

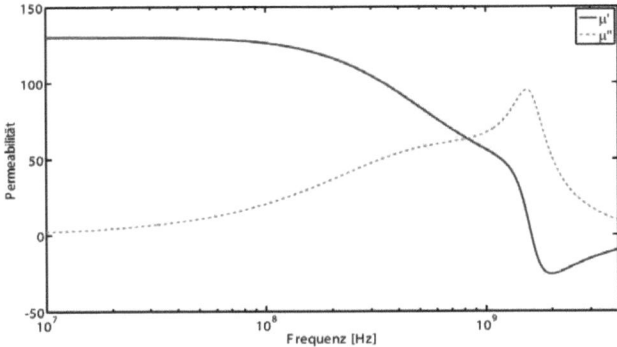

Bild 3.18: Dünnschichtpermeabilität bei σ=10⁷S/m

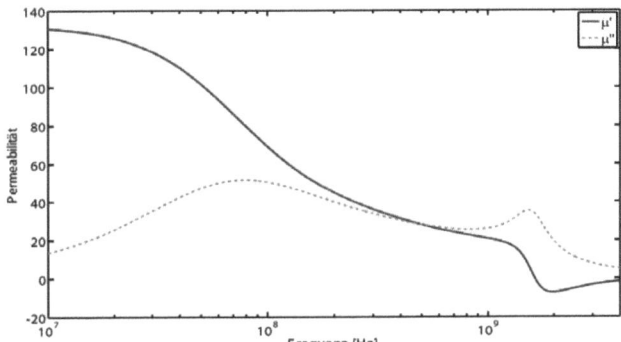

Bild 3.19: Dünnschichtpermeabilität bei σ=10⁸S/m

Das Verhalten ist analog zum homogenen Material, nur die FMR liegt bei ca. 1,5 GHz. Wirbelströme treten ebenfalls ab einer Leitfähigkeit von 10^7 S/m auf, da sie nicht vom Formfaktor beeinflusst werden. Allerdings müssen sie, wenn sich die FMR zu höheren Frequenzen verschiebt, durch geeignete Partikelgröße oder Schichtdicke vermieden werden.

3.3.3 Mehrlagen-Nanokomposite

Da bei hoher ferromagnetischer Resonanzfrequenz die Wirbelströme unterhalb der f_{FMR} vermieden werden sollen, liegt die Idee nahe, diese durch Mehrlagen-Nanokomposite (Bild 3.20) zu unterdrücken. Das bedeutet, dass das magnetische Material Clusterschichten bildet, aber die einzelnen Schichten voneinander isoliert sind (siehe Bild 3.20).

3.3 Anwendung der theoretischen Ergebnisse

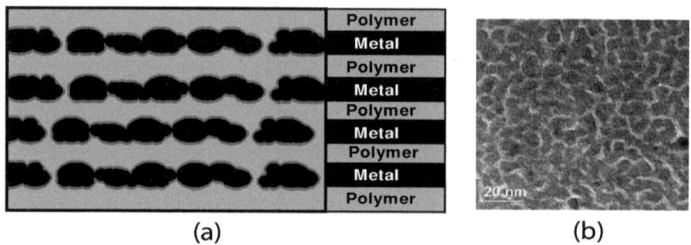

(a) (b)

Bild 3.20: Mehrlagen-Nanokomposite, schematische Darstellung (a) und Transmissionselektronen-mikroskopbild (b)

Die FMR verhält sich genau wie bei einer Dünnschicht, nur die effektive Permeabilität reduziert sich aufgrund des geringeren Füllfaktors (Gl. (3.7)). Um die Gültigkeit der Formeln aus Kap. 3.1 und Kap. 3.2 zu bestätigen, werden die in [10] beschriebenen Messergebnisse überprüft und miteinander verglichen. Die Eingangsparameter des zu lösenden Gleichungssystems (Kap. 3.2) können aus [10] bestimmt werden. Die Sättigungsmagnetisierungen ($\mu_0 M_s$) folgen aus „Fig.2" in [10]: Sie sind 1.1 T für eine Schichtdicke von 10 nm, 1.35 T für eine Schichtdicke von 20 nm und 1.5 T für eine Schichtdicke von 30 nm. Aus dem Transmissions-Elektronenmikroskopbild kann der Füllfaktor abgeschätzt werden. Ein weiterer unbekannter Faktor ist die kristalline Anisotropie ($\mu_0 H_k$). Diese wird versuchsweise variiert, bis für die Permeabilität bei niedrigen Frequenzen mit den Messdaten Übereinstimmung erzielt werde. Mit diesen Eingangsparametern stimmen die berechneten Kurven gezeigt in Bild 3.21 bis Bild 3.23 sehr gut mit den Messdaten überein.

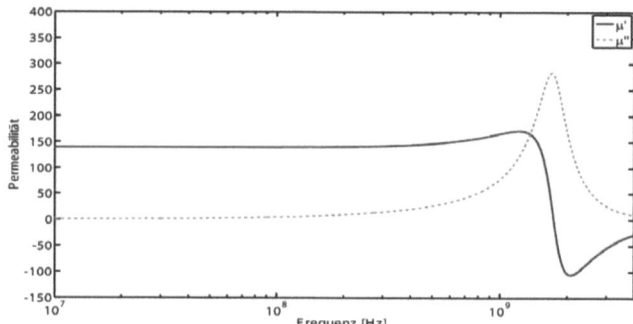

Bild 3.21: Effektive Permeabilität von Mehrlagen-Nanokompositen 10nm FeNiCo/7.5nm PTFE, berechnet mit folgenden Materialparametern: $\mu_0 M_s = 1{,}1$ T, $\mu_0 H_k = 0.0035$ T und $\alpha = 0.015$

3 Theoretische Beschreibung weichmagnetischer Nanokomposite

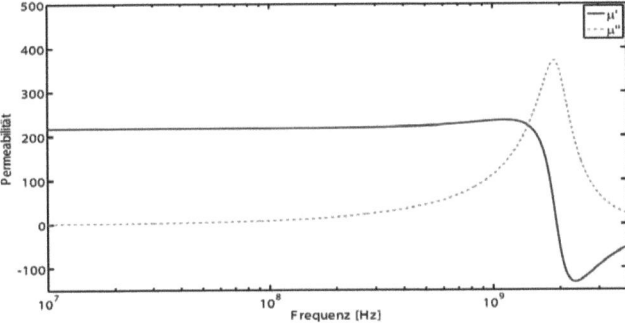

Bild 3.22: Effektive Permeabilität von Mehrlagen-Nanokompositen 20nm FeNiCo/7.5nm PTFE, berechnet mit folgenden Materialparametern: $\mu_0 M_s = 1{,}35$ T, $\mu_0 H_k = 0.0035$ T und $\alpha = 0.015$

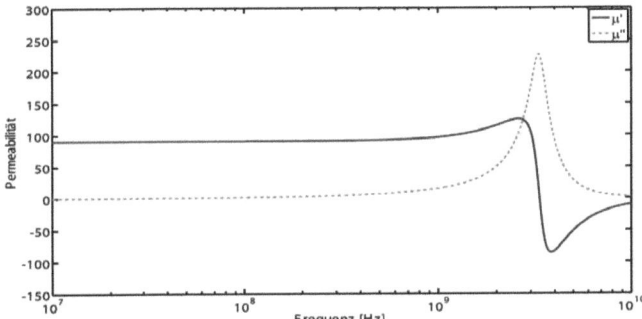

Bild 3.23: Effektive Permeabilität von Mehrlagen Nanokompositen 30nm FeNiCo/7.5nm PTFE, berechnet mit folgenden Materialparametern: $\mu_0 M_s = 1{,}5$ T, $\mu_0 H_k = 0.0094$ T und $\alpha = 0.015$

3.3 Anwendung der theoretischen Ergebnisse

4 Praktische Charakterisierung weichmagnetischer Dünnschichtkomposite

Im vierten Kapitel sollen Messmethoden untersucht werden, mit denen sich unbekannte Permeabilitätsspektren breitbandig bestimmen lassen. Die Verfahren beruhen auf verschiedenen physikalischen Phänomenen wie der Änderung der Induktivität, der magnetischen Kopplung oder den Wellenleitereigenschaften. Die zugehörigen Messanordnungen werden Permeameter genannt.

Diese Messungen sind erforderlich, da nicht alle Materialparameter bekannt sind oder einige sich während der Prozessierung verändern. Darum sind die in Kap.3 vorgestellten Formeln nur bedingt anwendbar oder fehlerbehaftet. Um Bauteile mit magnetischen Materialien effizient und korrekt zu entwerfen, ist jedoch eine genaue Kenntnis der Materialeigenschaften zwingend notwendig. Die Messergebnisse können dann direkt in verschiedene Simulationsprogramme wie z. B. HFSS [3] als frequenzabhängige Datensätze eingelesen werden.

4.1 Permeameter mit Koplanarleitung

4.1.1 Grundlagen der Koplanarleitung

Das erste untersuchte Permeameter basiert auf der Koplanarleitung (CPW[3]) welche zunächst genauer beschrieben wird, da ihre Ausführung großen Einfluss auf die Leitungsparameter und damit auf die Funktion des Permeameters hat. Außerdem sind ihre physikalischen Eigenschaften die Grundlage für die Bestimmung der Permeabilität.

Die Permeabilität der Probe kann aus den Streuparametern (S-Parametern) einer CPW-Leiteranordnung bzw. deren Änderung im Frequenzbereich oder aus der Sprungantwort im Zeitbereich (PIMM [11]) bestimmt werden. In dieser Arbeit werden S-Parameter ausgenutzt, da diese mit einem Netzwerkanalysator (NWA) bestimmt werden können, der über eine höhere Messgenauigkeit und Dynamik verfügt als ein Zeitbereichsmessgerät.

4.1.1.1 Aufbau und Feldverteilung

Die verwendete Form der Koplanarleitung setzt sich aus drei parallelen Leiterstreifen, die durch zwei Schlitze voneinander getrennt sind (engl. coplanar slot), zusammen. Dabei bilden die beiden äußeren Metallflächen die Masse. Der Wellenwiderstand dieser Leitung ergibt sich aus den Abmessungen des Innenleiters w_i, der Schlitzbreite G_{sb}, der Substrathöhe H_{CPW} und der Dicke der Metallisierung von 17 µm (siehe Bild 4.1).

---

[3] Bedeutung : coplanar waveguide

4.1 Permeameter mit Koplanarleitung

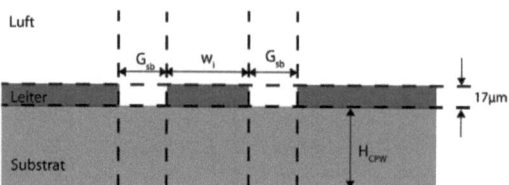

Bild 4.1: Aufbau einer Koplanarleitung

Wegen der Dreileiteranordnung sind auf diesem Leitungstyp zwei Moden ausbreitungsfähig. Es gilt, dass die Anzahl der ausbreitungsfähigen Moden auf einer Leitung immer der Leiterzahl weniger eins entspricht [12 S. K 16]. Die Feldverteilung der Moden zeigt Bild 4.2. Gewünscht ist die Gleichtaktmode (a), die häufig auch als Koplanarleitungsmode bezeichnet wird. Die Gegentaktmode (b) heißt auch Schlitzleitungsmode und lässt sich beim Entwerfen der Leitung unterdrücken.

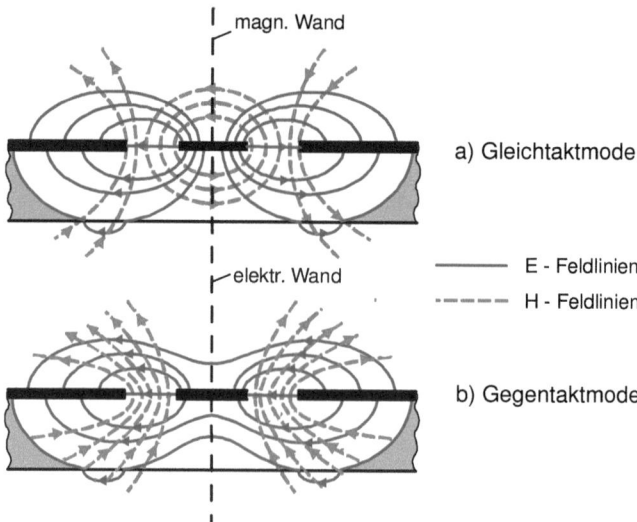

Bild 4.2: Feldverteilung der beiden Moden auf einer Koplanarleitung: a) Gleichtaktmode, Koplanarmode; b) Gegentaktmode, „Schlitzleitungsmode"

4.1.1.2 Dimensionierung

Ausgelegt werden kann die CPW mittels konformer Abbildungen [13 S. 156-163] und ergänzender Formeln aus [14]. Die Schlitzbreite G_{sb} ist in dieser Arbeit auf eine minimale Breite von 50 µm begrenzt, da sich eine Schlitzbreite von 50 µm noch mit der konventionellen Nassätztechnik reproduzierbar realisieren lässt. Die maximalen Leitungsgrößen werden durch Gl. (4.1) und Gl. (4.2) vorgegeben:

$$w_i + 2G_{sb} \leq \lambda/2 \qquad (4.1)$$

$$w_i + 2G_{sb} < H_{CPW}. \qquad (4.2)$$

Dabei muss Gl. (4.1) erfüllt werden, in der w_i die Breite der Innenleitung darstellt, damit sich keine höheren Moden auf der Struktur ausbreiten können [14]. Gleichung (4.2) muss eingehalten werden, damit die Dispersion minimiert wird [15].

Leitungslänge: 10 mm	
Leiterbreite (w_i) [µm]	Schlitzbreite (G_{sb}) [µm]
100	61
200	102
300	141
400	175
500	206

Tabelle 4.1: Schlitzbreiten für eine Soll-Impedanz von 50 Ω

Bei der Realisierung eines Wellenwiderstandes von 50 Ω bei Leiterbreiten von 100 µm bis 500 µm, auf einem Substrat mit der Höhe 0,508 mm und einer Dielektizitätskonstante von 3,38, ergeben sich die in Tabelle 4.1 gezeigten Schlitzbreiten.

4.1.1.3 Funktionsprinzip des koplanaren Permeameters

In den nachfolgenden Kapiteln wird auf den Aufbau des Permeameters und das Berechnungsverfahren zur Bestimmung der Probenpermeabilität eingegangen. Auf die Koplanarleitung ist zur Vermeidung von Kurzschlüssen zwischen magnetischer Probe und Leitung eine dünne Isolationsschicht mit der Dicke t_{iso} aufgebracht (siehe Bild 4.3). Als Positionierungshilfe dienen zwei U-Profile, die weiter keine elektrische Funktion haben. Die Probe selbst besteht aus einer dünnen magnetischen Schicht, die auf einem 333 µm dicken Glasträger aufgesputtert ist. Bei FeCoBSi als Probe kann die Permeabilität aufgrund von Referenzmessungen und Vibrationsmagnetometermessungen (VSM-Messungen) [16] in Richtung der harten Achse mit ca. 500 angegeben werden. Durch das magnetische Material ändern sich Wellenwiderstand und Ausbreitungskonstante in dem probenbedeckten Bereich und damit die S-Parameter, aus deren Änderung die Permeabilität der Probe berechnet wird. Wichtig dabei ist, dass nur die von der Probe bedeckte Leitung vermessen wird. Dies wird rechnerisch durch Positionierung der Referenzebenen erreicht.

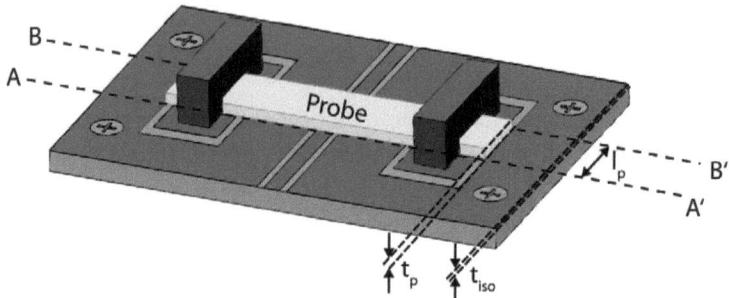

Bild 4.3: Aufbau des koplanaren Permeameters

4.1.1.4 Bestimmung der Permeabilität

Zur Berechnung der Permeabilität kann der Bereich, der in Bild 4.3 von der Probe bedeckt und von den Linien AA' und BB' begrenzt wird, durch das Ersatzschaltbild aus Bild 4.4 ersetzt werden. Allerdings muss die Überdeckungslänge l_p klein gegen die Wellenlänge λ ($l_p < \lambda/8$) sein, damit das Ersatzschaltbild (ESB) seine Gültigkeit behält.

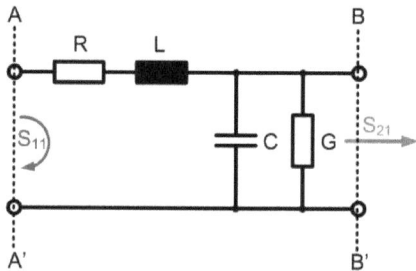

Bild 4.4: Äquivalentes Ersatzschaltbild für die probenbedeckte Koplanarleitung

Unter Anwendung der Vierpoltheorie können die S-Parameter für das Netzwerk aus Bild 4.4 bestimmt werden. Dabei ist R der Längswiderstand, L die Längsinduktivität, G der Querleitwert und C die Querkapazität:

$$S_{11} = \frac{R + j\omega L + \frac{Z_0}{1 + Z_0(G + j\omega C)} - Z_0}{R + j\omega L + \frac{Z_0}{1 + Z_0(G + j\omega C)} + Z_0}, \qquad (4.3)$$

$$S_{21} = \frac{2\frac{Z_0}{1+Z_0(G+j\omega C)} - Z_0}{R + j\omega L + \frac{Z_0}{1+Z_0(G+j\omega C)} + Z_0}. \quad (4.4)$$

Dabei ist Z_0 der Wellenwiderstand der Anschlussleitungen, mit Gl. (4.3) und Gl. (4.4) können die Größen der Ersatzschaltbildelemente in Abhängigkeit der Streuparameter bestimmt werden. Da nur die Permeabilität μ' bzw. die Verluste μ'' der Probe von Interesse sind, reicht es aus, eine Formel für den Widerstand und die Induktivität herzuleiten (Gl (4.5)):

$$R + j\omega L = \frac{1 + S_{11} - S_{21}}{1 - S_{11}} Z_0. \quad (4.5)$$

Die Induktivität im Ersatzschaltbild von Bild 4.4 setzt sich aus dem Proben- und dem Leitungsbeitrag zusammen. Der Probenbeitrag ergibt sich aus der Länge l_p, der Dicke t_p, dem Realteil der Permeabilität der Probe sowie dem Geometriefaktor c_k, der stark von den Abmessungen der Koplanarleitung abhängt. Der Widerstand setzt sich ebenfalls aus dem Proben- und dem Leitungsanteil zusammen:

$$L \approx L_{CPW} + c_k l_p t_p \mu_0 \mu', \quad (4.6)$$

$$R \approx R_{CPW} + \omega c_k l_p t_p \mu''. \quad (4.7)$$

Um den induktiven Probenbeitrag von der Leitungsinduktivität und Probenverluste von dem Leitungswiderstand in Gl. (4.6) und Gl. (4.7) zu isolieren, müssen S_{11}^{Sat} und S_{21}^{Sat} bei gesättigter Probe bestimmt werden, da bei Sättigung die Permeabilität näherungsweise zu eins wird und damit keinen Beitrag zur Induktivität liefert. Gesättigt wird die Probe, indem diese einem starken externen Magnetfeld ausgesetzt wird, welches mehrere Dekaden größer als die Koerzitivfeldstärke H_k ist. Aus den Streuparametern bei Sättigung können die unbekannten Größen (L_{CPW}, R_{CPW}) zur Separation gewonnen werden Gl. (4.8):

$$R_{CPW} + j\omega L_{CPW} = \frac{1 + S_{11}^{Sat} - S_{21}^{Sat}}{1 - S_{11}^{Sat}} Z_0. \quad (4.8)$$

Werden nun Gl. (4.6) und Gl. (4.7) in Gl (4.5) eingesetzt und Gl. (4.8) von Gl. (4.6) subtrahiert, so folgt die Bestimmungsgleichung für die komplexe Permeabilität der Probe in Abhängigkeit von den Streuparametern. Zudem muss noch eine Eins hinzuaddiert werden, womit berücksichtigt wird, dass bei Sättigung der Probe die relative Permeabilität zu eins wird.

$$\mu' - j\mu'' = 1 + Z_0 \frac{\left(\frac{1+S_{11}-S_{21}}{1-S_{11}} - \frac{1+S_{11}^{Sat}-S_{21}^{Sat}}{1-S_{11}^{Sat}}\right)}{j\omega c_k l_p t_p \mu_0} \quad (4.9)$$

Der unbekannte Geometriefaktor c_k kann durch die Charakterisierung einer Probe mit bekannter Permeabilität bestimmt werden. Dieser Schritt wird auch als Kalibrierung des Messverfahrens bezeichnet.

4.1.2 Simulation des Permeameters

4.1.2.1 Untersuchung der Isolationsschichtdicke

Die magnetische Kopplung zwischen Probe und Koplanarleitung ist stark von der Isolationsschichtdicke t_{iso} (Isolationsschicht zwischen Probe und Koplanarleitung) abhängig, welche im folgenden Kapitel untersucht werden soll. Zur Betrachtung des Einflusses der Schichtdicke auf die magnetische Kopplung wurde der Abstand t_{iso} verändert und die Änderung der Streuparameter an den Ebenen AA' und BB' ausgewertet. Dieses Verfahren basiert auf der Berechnung der Induktivität L des probenbedeckten Leitungsbereichs Gl. (4.10), welche aus dem Imaginärteil von (4.5) folgt:

$$L = \text{Im}\left\{\frac{Z_0}{\omega}\left(\frac{1 + S_{11} - S_{21}}{1 - S_{11}}\right)\right\}. \tag{4.10}$$

Dabei wurde die Probenpermeabilität im Bereich von $\mu' = 1 \ldots 430$ verändert. Die Ergebnisse der Berechnungen zeigt Bild 4.5.

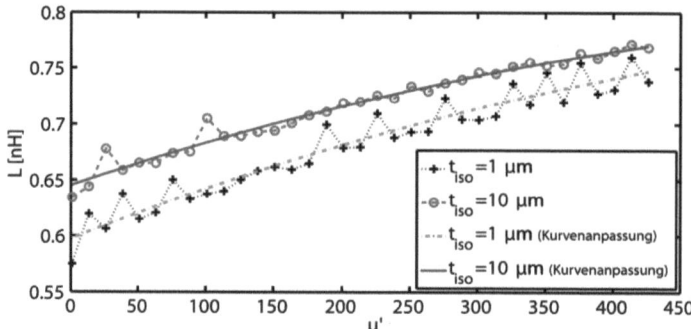

Bild 4.5: Induktivität des probenbedeckten Leitungsstücks in Abhängigkeit von der Isolationsschichtdicke (Leitungsparameter: $w_i = 0{,}300$ mm und $G_{sb} = 0.141$ mm)

Die Auswertung von Bild 4.5 zeigt, dass kleinere Isolationsschichtdicken zu stärkeren Schwankungen bei den Induktivitätswerten führen. Um den Verlauf von L besser beschreiben zu können, wurde eine Polynomregression zweiten Grades durchgeführt. Während die Kurvenanpassung bei größeren Schichtdicken (Bild 4.5) gute Ergebnisse liefert (rote Kurve und blaue Punkte), sind bei der kleineren Schichtdicke noch große Abweichungen von der Sollkurve (grün) zu erkennen. Weiter zeigt sich, dass zwischen Permeabilität und Induktivität kein linearer Zusammenhang besteht. Als Resultat dieser Simulation kann festgestellt werden, dass bis $t_{iso} = 10$ μm noch eine gute magnetische Kopplung zwischen Leitung und Probe existiert. Dabei interessiert für diese Untersuchung nur die Steigung der Kennlinien, denn aus dieser wird die Information über die Permeabilität der Probe gewonnen. Je größer die Steigung und je weniger nicht linear der Verlauf, desto kleiner wird der Fehler bei der Bestimmung der Probenpermeabilität.

4.1.2.2 Induktivität in Abhängigkeit von der Leitfähigkeit

Auch der Einfluss der Probenleitfähigkeit σ auf die berechnete Induktivität soll näher untersucht werden. Dieser ist insofern relevant, als die sich auf der Koplanarleitung ausbreitende Welle dort auf eine leitfähige Grenzschicht trifft. Gemäß den Randbedingungen der Maxwell'schen Gleichungen kommt es dadurch zu Oberflächenströmen auf der magnetischen Probe, durch die wiederum ein Feld erzeugt wird. Das entstehende Feld ist in seiner Wirkung dem erzeugenden Feld entgegengerichtet. Deshalb muss untersucht werden, inwieweit sich die schwankende Leitfähigkeit auf die Induktivität auswirken wird, da aus der Induktivität später mit Gl. (4.9) die Probenpermeabilität bestimmt werden soll. Dazu wird in rechnerischen Simulationen die Leitfähigkeit der magnetischen Schicht von 1 bis 100.000 S/m variiert und dabei die Permeabilität mit μ = 250 konstant gehalten. Die Innenleiterbreite beträgt 100 μm, der Probenabstand zwischen Messobjekt und Koplanarleitung $t_{iso} = 1$ μm. Das Resultat der Simulationen gibt Bild 4.6 wieder. Es zeigt sich ein Absinken des Induktivitätswertes mit zunehmender Leitfähigkeit der Probe. Allerdings wirkt sich dies erst bei Leitfähigkeiten größer als (σ =) 1000 S/m aus. Bei geringen Leitfähigkeiten fallen die Kurven nahezu zusammen. Das bedeutet, dass geringe Leitfähigkeiten nicht in die Berechnungen mit einbezogen werden müssen. Ab einer Leitfähigkeit von über 1000 S/m muss deren Einfluss berücksichtigt werden. Hinzu kommt bei hohen Frequenzen noch eine Beeinflussung des Frequenzverhaltens. Besonders deutlich wird dies bei σ = 100000 S/m, wo sich, bedingt durch die hohe Leitfähigkeit, bei einer Isolationsschichtdicke von 1 μm, ab 8 GHz Resonanzen im Aufbau einstellen. Diese Abhängigkeit von der Leitfähigkeit hat Folgen für die Berechnung der Probenpermeabilität. Denn um mögliche aus dieser Abhängigkeit resultierende Fehler zu minimieren, muss zur Kalibrierung des Berechnungsverfahrens aus Kapitel 4.1.1.4 die für die Kalibrierung genutzte Probe eine ähnliche Leitfähigkeit wie die später zu vermessenden Proben haben. Andernfalls kommt es aufgrund der abweichenden Leitfähigkeit zu signifikanten Fehlern in der Berechnung.

4.1 Permeameter mit Koplanarleitung

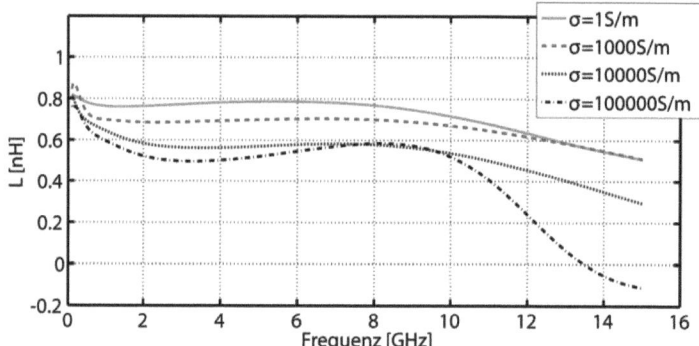

Bild 4.6: Induktivität des probenbedeckten Leitungsstücks in Abhängigkeit von der Probenleitfähigkeit (Leitungsparameter: $w_i = 0{,}100$ mm und $G_{sb} = 0{,}61$ mm)

4.1.3 Fehler bei der Bestimmung der Probenpermeabilität

Aus den Simulationen folgt, dass die Induktivität nicht linear von der Probenpermeabilität abhängt. Folglich kommt es zu einem Fehler, da mit Bild 4.4 ein lineares Modell zur Berechnung der Probenpermeabilität verwendet wird. Nur die beiden bekannten Permeabilitäten (Kalibrierungspermeabilität, Sättigungspermeabilität) werden fehlerfrei detektiert.

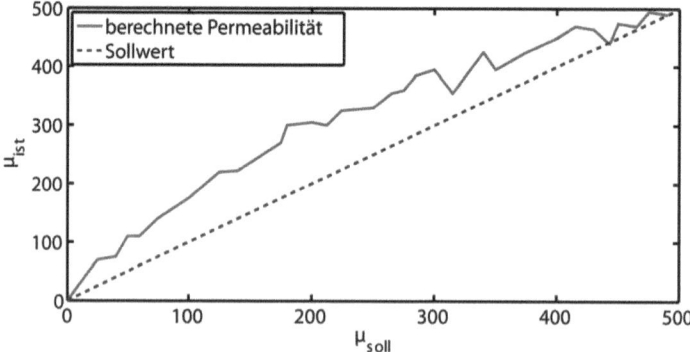

Bild 4.7: Absoluter Fehler bei Berechnung der Probenpermeabilität sowie Gegenüberstellung von Soll- und berechneter Permeabilität

Das bestätigt Bild 4.7. Dabei ist ein Fehler von über 100 % bezogen auf den Sollwert möglich, wenn weiterhin mit dem linearen Modell gearbeitet wird. Somit kann der Geometriefaktor nicht allein von der Geometrie abhängen, sondern muss eine Funktion der Probenpermeabilität sein. Damit ist allein durch eine Kalibrierungsmessung der Geometriefaktor nicht zu bestimmen.

In der rechnerischen Simulation, bei der die Sollpermeabilität bekannt ist, kann eine lineare Interpolation zwischen zwei Induktivitätswerten gefunden oder ein Kurvenfitting auf Basis von Lagrange-Polynomen durchgeführt werden. Ein Verfahren dafür zu entwickeln ist nicht effizient, denn in der Praxis ist weder der funktionale Zusammenhang zwischen Induktivität und Permeabilität bekannt, noch sind Permeabilitätswerte zum Interpolieren gegeben. Somit scheiden beide Verfahren aus.

Durch Simulation einen funktionalen Zusammenhang zwischen Induktivität und Permeabilität herzuleiten, ist ebenfalls zwecklos. Da wegen der getroffenen Vereinfachungen in den Simulationen der Verlauf der S-Parameter nicht der Realität entspricht und sich auch immer wieder Simulationsfehler aufgrund der verwendeten nummerischen Verfahren gezeigt haben. Es könnte der Einsatz eines Modells unter Zuhilfenahme von neuronalen Netzen helfen, um den absoluten Wert der Permeabilität zu bestimmen. Neuronale Netze haben den Vorteil, dass sie nach einigen Trainingssequenzen auch komplexe nicht lineare Zusammenhänge beschreiben können.

4.1.4 Analyse alternativer Verfahren zur Bestimmung der Permeabilität mit Koplanarleitung

Es wurden noch weitere Verfahren untersucht, die die Bestimmung der Probenpermeabilität aus den gemessenen S-Parametern erlauben.

4.1.4.1 Bestimmung der Permeabilität mit konformen Abbildungen

Aus den gemessenen S-Parametern sollen im Folgenden die Leitungsparameter bestimmt werden. Dazu werden zunächst die S-Parameter an den Ebenen AA' und BB' in äquivalente Kettenparameter umgerechnet, die dann die Berechnung von Impedanz und Ausbreitungskonstante der Koplanarleitung erlauben. Die Berechnungsvorschrift dafür enthält Gl. (4.11) [18 S. 8].

$$\begin{bmatrix} A & B \\ C & D \end{bmatrix} = \begin{bmatrix} \frac{-\det[S] + S_{11} - S_{22} + 1}{2S_{21}} & \frac{\det[S] + S_{11} + S_{22} + 1}{2S_{21}} \\ \frac{\det[S] - S_{11} - S_{22} + 1}{2S_{21}} & \frac{-\det[S] - S_{11} + S_{22} + 1}{2S_{21}} \end{bmatrix}. \quad (4.11)$$

Durch die Nutzung der Kettenmatrizen für eine verlustbehaftete Leitung können der Wellenwiderstand Z_L und die Ausbreitungskonstante γ_{Pr} berechnet werden [18 S. 6]. Dies ist nur für kurze Leitungen (bezogen auf die Wellenlänge) eindeutig möglich, weil die hyperbolische Winkelfunktion mit komplexen Argumenten eine Periodizität aufweist. Es sind

$$Z_L = \sqrt{\frac{B}{C}} \quad (4.12)$$

und

$$\gamma_{Pr} = \text{acosh}(A). \quad (4.13)$$

Die Koplanarleitungen sind so dimensioniert, dass sich nur Quasi-TEM-Wellen ausbreiten können. Daher sind die Impedanz Z_L und die Ausbreitungskonstante γ_{Pr} gleich der einer TEM-Welle. Die sich in einem verlustlosen Medium ausbreitet und mit Hilfe der Maxwell'schen Gleichungen bestimmt werden:

$$Z_L = Z_0 \sqrt{\frac{\mu^{eff}}{\varepsilon^{eff}}}, \tag{4.14}$$

$$\gamma_{Pr} = j\omega \sqrt{\varepsilon_0 \mu_0 \mu^{eff} \varepsilon^{eff}}. \tag{4.15}$$

Hierbei ist μ^{eff} die relative effektive Permeabilität, ε^{eff} die relative effektive Permittivität und Z_0 die charakteristische Impedanz der Koplanarleitung ohne Substrat, welche bestimmt werden muss. Dies kann theoretisch mit konformen Abbildungen erfolgen. Allerdings ist ein solches Verfahren viel zu ungenau, sodass stattdessen die Sättigungsimpedanz Z_{sat} und Sättigungsausbreitungskonstante γ_{sat} zur Bestimmung der Permeabilität benutzt wurde. Idealerweise kann im Sättigungsfall μ^{eff} direkt der Wert eins zugewiesen werden, da keine magnetischen Momente durch das Magnetfeld der Leitung ausgerichtet werden können:

$$Z_{sat} = \frac{Z_0}{\sqrt{\varepsilon^{eff}}}, \tag{4.16}$$

$$\gamma_{sat} = j\omega \sqrt{\varepsilon_0 \mu_0} \sqrt{\varepsilon^{eff}}. \tag{4.17}$$

Durch Umformungen kann bewiesen werden, dass die Sättigungsmessung zum gleichen Resultat wie die Ausgangsformeln Gl. (4.14) und Gl. (4.15) führt:

$$\mu^{eff} = \frac{Z_L \gamma_{Pr}}{j\omega Z_0 \sqrt{\varepsilon_0 \mu_0}} = \frac{Z_L \gamma_{Pr}}{Z_{sat} \gamma_{sat}}. \tag{4.18}$$

Damit ist ein Ausdruck für die effektive Permeabilität im Bereich der Probe gefunden, nicht jedoch für die Probenpermeabilität. Durch die Nutzung konformer Abbildungen und die Dualität zwischen elektrischem und magnetischem Feld kann eine Formel für den Realteil der Probenpermeabilität μ' abgeleitet werden [17]. Dabei ist μ'^{eff} der Realteil der effektiven Permeabilität des abgedeckten Leitungsstücks aus Bild 4.3 und q ein Geometriefaktor, der entweder mit den Formeln aus [18 S. 88-96] oder durch eine Kalibrierungsmessung mit einer bekannten Referenzprobe bestimmt werden kann,

$$\mu' = \frac{1}{1+\frac{1}{\frac{\mu'\text{eff}-1}{q}}}. \tag{4.19}$$

Das Verfahren wurde mit HFSS geprüft und führte zu signifikanten Fehlern. Deren Ursache ist, dass konforme Abbildungen ihre Gültigkeit verlieren, sobald die Berandungen nicht ideal leitend sind. Die Probe ist zwar leitfähig, aber nicht ideal leitend. Außerdem verliert Gl. (4.14) ihre Gültigkeit, da diese aus den Maxwell'schen Gleichungen für verlustlose Leitungen abgeleitet wurde.

Ein weiteres Problem ist das Abbilden zwischen effektiver und realer Probenpermeabilität [17]. Diese aus der Dualität von magnetischem und elektrischem Feld abgeleitete Beziehung zwischen effektiver und realer Probenpermeabilität gilt gemäß [17] aber nur für diamagnetische Werkstoffe. Hinzu kommt, dass transversalelektromagnetische (TEM) Wellenausbreitung vorliegen muss. Aufgrund der Koplanarleitung selbst und der Leitfähigkeit der Proben ist aber durchaus die Ausbreitung höherer Moden möglich.

Wegen der angeführten Probleme ist die Bestimmung der Permeabilität mit Hilfe konformer Abbildungen für die Berechnung ungeeignet.

4.1.4.2 Bestimmung der Permeabilität mit Hilfe des Nicolson-Ross-Algorithmus

Der Nicolson-Ross-Algorithmus wird von den Ausbreitungseigenschaften ebener Wellen in verschiedenen Medien und deren Verhalten an Grenzschichten abgeleitet. Dazu werden ein Reflexions- Γ und ein Transmissionskoeffizient T eingeführt [19 S. 177], um das Verhalten an der Grenzschicht von unbedecktem zu probenbedecktem Bereich in Bild 4.3 zu beschreiben:

$$\Gamma = K \pm \sqrt{K^2 - 1}, \tag{4.20}$$

$$K = \frac{(S_{11}^2 + S_{21}^2) + 1}{2S_{11}}, \tag{4.21}$$

$$T = \frac{(S_{11} + S_{21}) - \Gamma}{1 - (S_{11} + S_{21})\Gamma}. \tag{4.22}$$

Das Vorzeichen in Gl. (4.20) muss so gewählt werden, dass $|\Gamma| \leq 1$ gilt. Aus dem Transmissionskoeffizienten kann die komplexe Ausbreitungskonstante γ_{Pr} bestimmt werden. Dabei ist L_{Pr} die Länge des probenbedeckten Leitungsbereichs zwischen den Ebenen AA' und BB' in Bild 4.8:

$$\text{Re}\{\gamma_{Pr}\} = -\frac{\ln|T|}{L_{Pr}} \tag{4.23}$$

$$\text{Im}\{\gamma_{Pr}\} = -\frac{\arg(T)}{L_{Pr}} \tag{4.24}$$

4.1 Permeameter mit Koplanarleitung

Bei der Bestimmung des Argumentes in Gl. (4.24) müssen Phasensprünge von 2π korrigiert werden. Die effektive Permeabilität des bedeckten Bereiches wird bestimmt als [20]:

$$\mu^{eff} = \frac{\gamma_{Pr}}{\gamma_{sat}}. \tag{4.25}$$

Auch hier muss wieder eine konforme Abbildung gefunden werden, die die Beziehung zwischen Probenpermeabilität und effektiver Permeabilität beschreibt. Aus Kapitel 4.1.4.1 ist bekannt, dass dies nicht trivial ist. Doch bringt dieses Verfahren noch ein viel grundlegenderes Problem mit sich, welches in der Herleitung liegt und das Verfahren damit für die Analyse ferromagnetischer Materialien auf einer Koplanarleitung ungeeignet macht. Um dies näher zu untersuchen, soll an dieser Stelle die Herleitung der Formeln genauer analysiert werden. Das Permeameter aus Bild 4.3 wird durch das Modell aus Bild 4.8 beschrieben, welches zur Herleitung des Verfahrens benutzt wird. Dabei geht das Verfahren von elektromagnetischen Wellen aus, die auf eine Grenzschicht treffen. Allerdings müssen noch die unterschiedlichen Ausbreitungseigenschaften in den Medien berücksichtigt werden.

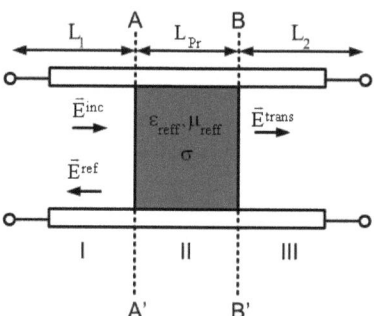

Bild 4.8: Modell zur Beschreibung der Herleitung vom Nicolson-Ross-Algorithmus

Dann kann der Transmissionskoeffizient aus Gl. (4.22) bzw. der Reflexionskoeffizient aus Gl. (4.20) aufgestellt werden. Das Prinzip ist das Lösen der Wellengleichungen in den drei Raumbereichen. Die Konstanten in den Lösungsansätzen lassen sich durch die Randbedingungen an den Grenzschichten AA' und BB' bestimmen [21 S. 61]. Darin liegt auch das Problem des Verfahrens, da in der Herleitung des Algorithmus in [19 S. 177] davon ausgegangen wird, dass das Magnetfeld an den Grenzschichten stetig sei. Allerdings ist das nur der Fall, wenn das Medium keine Leitfähigkeit aufweist. Da die ferromagnetische Probe eine sehr gute Leitfähigkeit in Ausbreitungsrichtung haben kann, ist diese Randbedingung nicht mehr erfüllt, siehe Gl. (4.26). Gleiches gilt auch für die andere Grenzschicht bei BB'.

$$\frac{1}{\mu_0} \frac{dE^I}{dx}\bigg|_{x=L_1} \neq \frac{1}{\mu_0 \mu_{reff}} \frac{dE^{II}}{dx}\bigg|_{x=L_1} \tag{4.26}$$

Aus dieser Tatsache resultieren Oberflächenströme. Dadurch verlieren die Gl. (4.20) bis (4.22) ihre Gültigkeit. Somit ist dieses Verfahren ebenfalls nicht zur Bestimmung der Permeabilität ferromagnetischer Materialien geeignet.

Ein weiteres Problem der Methode ist, dass durch die leitfähige Grenzschicht auch höhere Moden angeregt werden können.

4.1.5 Messaufbau

Der Messaufbau wird in Bild 4.9 gezeigt.

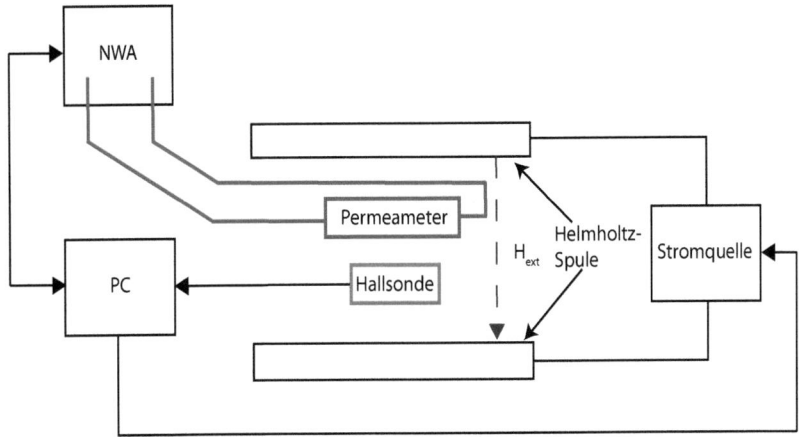

Bild 4.9: Messaufbau zur Charakterisierung einer magnetischen Probe

Mit dem Netzwerkanalysator (NWA) werden die S-Parameter des Permeameters gemessen, aus denen die Permeabilität berechnet wird. Das von der Helmholtzspule erzeugte externe magnetische Feld H_{ext} kann variiert und mit der Hallsonde gemessen werden. Durch das externe magnetische Feld können die Materialeigenschaften der Probe während der Messung verändert werden.

4.1.6 Messergebnisse

Bei den Messungen wird der in Bild 4.10 dargestellte Aufbau verwendet. Zur Positionierung der zu analysierenden Probe wird mit zwei Positionsmarken gearbeitet.

Um nur die Streuparameter des probenbedeckten Bereichs zu erfassen, müssen zuerst die Referenzebenen zu AA' bzw. BB' (Bild 4.3) verschoben werden. Die Permeabilität der Probe wird wie in Kapitel 4.1.1.4 berechnet. Der dazu notwendige Geometriefaktor folgt aus einer Referenzmessung ohne anliegendes externes Feld. Allerdings wurde der Geometriefaktor aus einem Mittelwert über 30 Frequenzstützstellen (100 MHz–500 MHz) bestimmt. Dieser Bereich wurde gewählt, weil der Frequenzverlauf der Kalibrierungsprobe näherungsweise konstant ist und der erwähnte Frequenzbereich ausreichend weit unterhalb der f_{FMR} liegt.

4.1 Permeameter mit Koplanarleitung

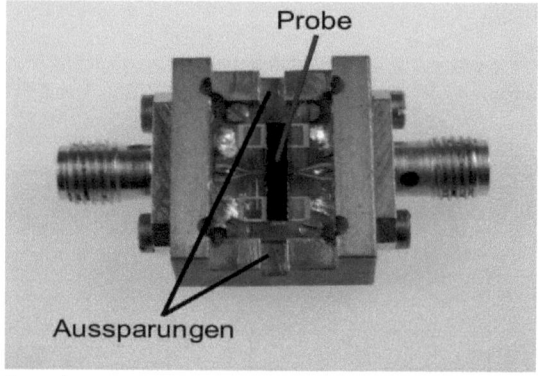

Bild 4.10: Foto des aufgebauten Permeameters

Um das Rauschen zu minimieren, wird ein Savitzky-Golay-Algorithmus angewendet [22 S. 386]. Die Ergebnisse der Auswertungen zeigt Bild 4.11.

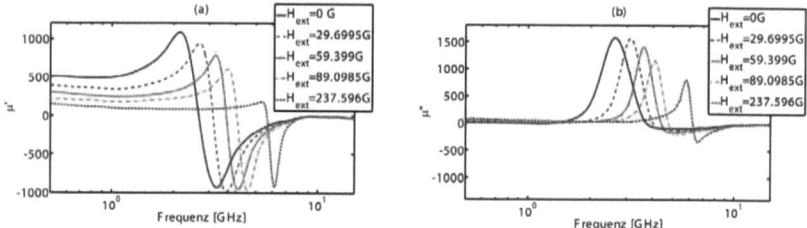

Bild 4.11: Messergebnisse für eine FeCoBSi-Probe mit externem Magnetfeld (Realteil (a) und Imaginärteil (b) der Permeabilität)

Es ist zu erkennen, dass die ferromagnetische Resonanzfrequenz mit zunehmendem H_{ext} deutlich ansteigt. Gleichzeitig ist ein starker Abfall des absoluten Wertes im Realteil der Permeabilität mit zunehmendem H_{ext} zu beobachten.

4.1.7 Überprüfung der Messergebnisse

Da die Feldsimulationen mit einer isotropen Probe durchgeführt wurden und das Permeameter zur simulationstechnischen Untersuchung sehr stark vereinfacht werden musste, bietet der Vergleich zwischen Messergebnissen und Simulationen nur eine bedingte Kontrollmöglichkeit.

Aus Kapitel 3 können die Gl. (4.27) und Gl. (4.28) abgeleitet werden, die das Verhalten der ferromagnetischen Resonanzfrequenz und der Permeabilität bei niedrigen Frequenzen μ_{DC} in Abhängigkeit von dem externen magnetischen Feld H_{ext} beschreiben [23].

$$\mu_{DC} \cong \frac{M_s}{\mu_0(H_K + H_{ext})} + 1 \qquad (4.27)$$

$$\omega_{FMR} = \mu_0 \gamma ((H_K + H_{ext})((H_K + H_{ext}) + M_s))^{\frac{1}{2}} \qquad (4.28)$$

Für die beispielhaft untersuchten FeCoBSi-Proben können die Messergebnisse aus Kapitel 4.1.6 überprüft werden. Die Messwerte (schwarze Balken) und Sollwerte (rote Kurve) für verschiedene H_{ext} sind in Bild 4.12 gezeigt.

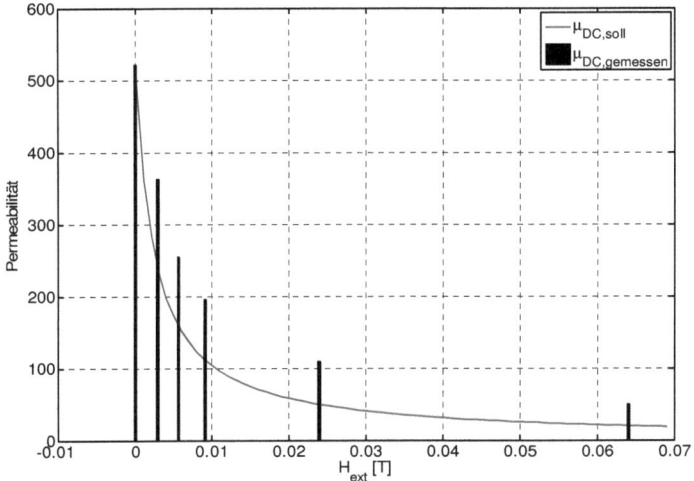

Bild 4.12: Gegenüberstellung der Permeabilitätswerte aus Messung und theoretischer Berechnung

Die Messwerte unterscheiden sich signifikant von den theoretisch berechneten Werten, wie der rote Verlauf in Bild 4.12 zeigt. Dabei steigt der relative Fehler umso stärker an, je weiter die Probenpermeabilität von der Kalibrierungspermeabilität $(\mu_{DC} = 521)$ entfernt liegt. Bei $H_{ext} = 0{,}0237$ T beträgt der Fehler schon über 100 %, bezogen auf die Sollpermeabilität. Die Ursachen dafür liegen einerseits in statischen Schwankungen der Messwerte, die sich stark im niederfrequenten Bereich auf die gemessenen Größen auswirken. Da die Permeabilitäten durch die Mittelung aus diesem Bereich berechnet wurden, ist der Einfluss nicht zu vernachlässigen. Zum anderen führen auch die nicht optimalen Übergänge zu Fehlern. Diese beiden Effekte sind jedoch nicht die größten Fehlerquellen. Bedeutender ist der aus der linearen Approximation Gl. (4.6) resultierende Fehler.

4.1.8 Korrekturverfahren

Aufgrund der nicht linearen Beziehung zwischen Probenpermeabilität und Induktivität, welche von der Leitfähigkeit abhängt, ist keine korrekte Bestimmung des Absolutwertes der relativen

Permeabilität möglich. Deshalb soll hier eine Korrekturmöglichkeit aufgezeigt werden. Die Idee ist, dass bei bekanntem Verlauf des Geometriefaktors eine gute Korrektur der Messdaten erreicht werden kann. Die Verwendbarkeit des Ergebnisses wird von der Exaktheit des Korrekturfaktors abhängen.

Die Grundidee zur Optimierung ist ein Kurvenfitting für den Geometriefaktor. Allerdings muss dafür eine Referenzprobe mit bekanntem Verlauf der Permeabilität μ_{DC} (H_{ext}) vorhanden sein, wie es bei FeCoBSi der Fall ist, da hier die Sättigungsfeldstärke (M_s = 1,3 Tesla) und die Anisotropiefeldstärke (H_K = 25 G) bekannt sind und somit durch Gl. (4.27) die Permeabilitätswerte μ_{DC} ($H_{ext,soll}$) bestimmt werden können. Durch Einsetzen in Gl. (4.29) ergeben sich schließlich die Geometriefaktoren. Um eine Funktion für den Geometriefaktor zu erhalten, muss ein Kurvenfitting durchgeführt werden:

$$c_{skal} = Z_0 \frac{\left(\frac{1+S_{11}-S_{21}}{1-S_{11}} - \frac{1+S_{11}^{Sat}-S_{21}^{Sat}}{1-S_{11}^{Sat}}\right)}{jl_p t_p \mu_0 (\mu_{DC,soll} - 1)}. \qquad (4.29)$$

Mit dem Geometriefaktor kann nun der Absolutwert im Frequenzverlauf der Probenpermeabilität korrigiert werden. Dazu muss der mit Gl. (4.29) berechnete Korrekturfaktor c_{skal} in Gl. (4.30) eingesetzt werden:

$$\mu' - j\mu'' = 1 + Z_0 \frac{\left(\frac{1+S_{11}-S_{21}}{1-S_{11}} - \frac{1+S_{11}^{Sat}-S_{21}^{Sat}}{1-S_{11}^{Sat}}\right)}{jc_{skal} l_p t_p \mu_0}. \qquad (4.30)$$

Dabei sind S_{11}^{Sat} sowie S_{21}^{Sat} die S-Parameter bei Sättigung. Die oben beschriebene Vorgehensweise funktioniert nur, weil Geometriefaktor und Permeabilität zueinander invers sind. Ändert sich allerdings die Leitfähigkeit, kann das Kurvenfitting keine korrekten Ergebnisse liefern, da sich hierdurch auch die Nichtlinearität ändert, wie Simulationen bereits gezeigt haben (vgl. Kap. 4.1.2.2).

Dass eine Skalierung bei bekanntem Geometriefaktor prinzipiell funktioniert, soll hier am Beispiel von FeCoBSi gezeigt werden. Der Geometriefaktor von FeCoBSi wurde unmittelbar durch Anwendung von Gl. (4.27) berechnet. Durch Einsetzen des Geometriefaktors in Gl. (4.30) können die Messkurven neu skaliert werden. Ein Vergleich der Messkurven aus Bild 4.11 und Bild 4.13 zeigt, dass die Korrektur keinen Einfluss auf die FMR hat. Allerdings stimmen die Permeabilitätswerte aus Bild 4.12 mit den theoretisch berechneten Werten für FeCoBSi aus Bild 4.12 überein. Eine Skalierung durch den Geometriefaktor funktioniert, wenn der Geometriefaktor eindeutig durch Kurvenfitting bestimmt werden kann.

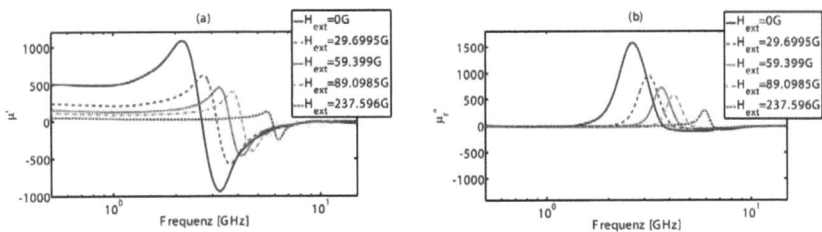

Bild 4.13: Korrigierter Permeabilitätsverlauf für FeCoBSi ((a) Realteil, (b) Imaginärteil)

4.2 Permeameter mit kurzgeschlossener Streifenleitung

Das zweite untersuchte Permeameter wird mit einer kurzgeschlossenen Streifenleitung realisiert, bei der das zu vermessende magnetische Material zwischen der Massefläche und dem Streifenleiter liegt. Die Probe wird so dicht wie möglich am Kurzschluss platziert, da das magnetische Feld am Kurzschlusspunkt maximal ist und dort somit die größtmögliche Wechselwirkung erreicht wird.

Dieses Permeameter kann als Zwei- oder Eintor aufgebaut werden. In dieser Arbeit soll das Permeameter als Zweitor untersucht werden, da der NWA, mit dem S_{21} gemessen wird, einen wesentlich höheren Dynamikbereich bei einer Transmissionsmessung hat. Das Permeameter als Eintor wird in [19 S. 314] genauer beschrieben.

4.2.1 Grundlagen der Streifenleitung

4.2.1.1 Aufbau und Feldverteilung des Permeameters

Grundlage des Permeameters bildet ein massiver Kupferblock, in den eine zu dem Messobjekt passende Aussparung gefräst wird. Beispielhaft werden Proben mit den Maßen 10 mm x 1.9 mm x 0.4 mm (Länge x Breite x Höhe) untersucht. Der schematische Aufbau des Permeameters wird in Bild 4.14 gezeigt. Auf dem Masseblock werden zwei Koaxialkabel, deren Innenleiter miteinander verbunden sind, befestigt. Die Außenleiter werden mit dem Masseblock verlötet. Ein aus Kupfer gefertigter Streifenleiter überbrückt die Probenaussparung und bildet damit die Streifenleitung. Das eine Ende der Streifenleitung ist elektrisch leitend mit dem Innenleiter der Koaxialkabel und das andere mit dem Masseblock verbunden.

4.2 Permeameter mit kurzgeschlossener Streifenleitung

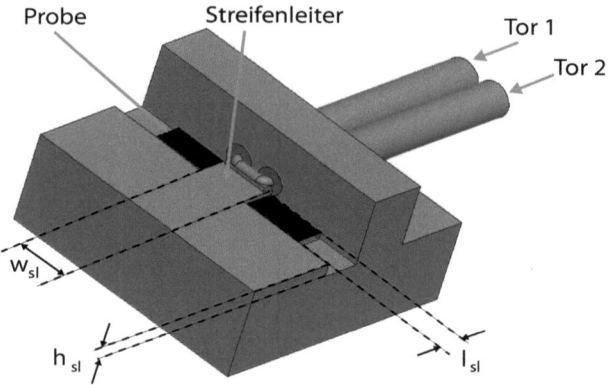

Bild 4.14: Schematischer Aufbau des Permeameters

Bild 4.15: Praktischer Aufbau des Permeameters

Die elektromagnetischen Felder wurden mit HFSS simuliert. Das magnetische Feld (H-Feld) bei 5 GHz ist im Querschnitt in Bild 4.16 dargestellt. Es ist gut zu erkennen, dass die höchsten Feldstärken des magnetischen Feldes zwischen Streifenleiter und Masse auftreten.

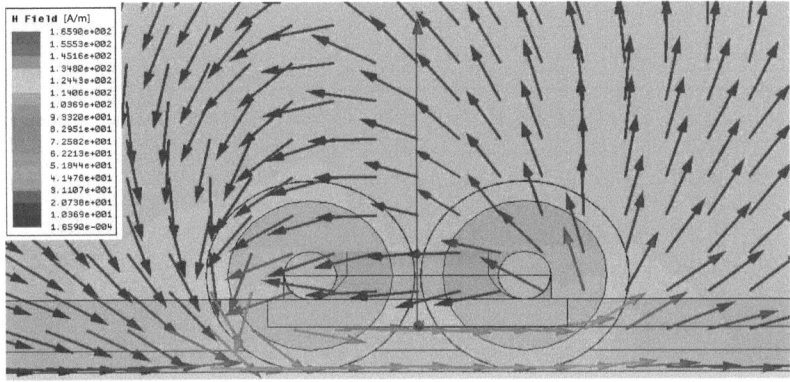

Bild 4.16: H-Feld bei 5 GHz im Querschnitt (in der Messebene)

4.2.1.2 Funktionsprinzip

Der in Kap. 4.2.1.1 beschriebene Messaufbau wird für Frequenzen von 0,2 bis 15 GHz betrachtet. Da die Länge des Streifenleiters l_{sl} = 2 mm beträgt und damit sehr viel kleiner als die kleinste auftretende Wellenlänge ist, kann die Impedanz Z durch eine konzentrierte Induktivität beschrieben werden. Diese Annahme wird auch durch Feldsimulationen gestützt. In einem entsprechenden Ersatzschaltbild des Permeameters befindet sich Z parallel zu den Anschlüssen des Netzwerkanalysators (siehe Bild 4.17).

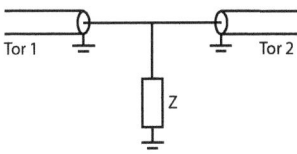

Bild 4.17: Ersatzschaltbild des Permeameters

Die Bestimmung der Permeabilität bei niedrigen Frequenzen erfolgt nach [24]. Da sich das Permeameter näherungsweise wie eine konzentrierte Induktivität verhält, gilt:

$$Z = j\omega L. \qquad (4.31)$$

Besitzt die Spule einen magnetischen Kern, was in dem Versuchsaufbau gleichbedeutend mit dem eingefügten Probenmaterial ist, erweitert sich Gl. (4.31) um die magnetische Suszeptibilität, den Füllfaktor F und die Leerinduktivität L_0 zu:

4.2 Permeameter mit kurzgeschlossener Streifenleitung

$$Z = j\omega L_0(1 + F(\mu - 1)) \cdot \quad (4.32)$$

Hierbei ist μ die Permeabilität des Kernmaterials, F ist der Füllfaktor, welcher als Quotient der Querschnittsfläche der Probe A_M und der Querschnittsfläche der Spule A_L definiert ist. Folglich berechnet sich F als:

$$F = \frac{A_M}{A_L} \cdot \quad (4.33)$$

Mit Z_0 als Wellenwiderstand der Anschlussleitungen folgt der Transmissionsfaktor S_{21} als:

$$S_{21} = \frac{1}{1 + \frac{Z_0}{2Z}} \cdot \quad (4.34)$$

Um die Messgenauigkeit zu erhöhen und Fehler zu minimieren, wird der Quotient Q aus der Transmissionsmessung mit Probe $S_{21,P}$ und ohne Probe $S_{21,L}$ gebildet und in Gl. (4.34) eingesetzt. Somit folgt Q als:

$$Q = \frac{S_{21,P}}{S_{21,L}} = \frac{1 + \frac{Z_0}{2Z_L}}{1 + \frac{Z_0}{2Z_P}} = \frac{Z_P(2Z_L + Z_0)}{Z_L(2Z_P + Z_0)} \cdot \quad (4.35)$$

Nun kann mit der Gl. (4.32) die Permeabilität direkt berechnet werden:

$$\mu_r = \frac{Z_0(Q - 1 + F) - 2j\omega L_0(F - 1)(Q - 1)}{F(Z_0 - 2j\omega L_0(Q - 1))} \cdot \quad (4.36)$$

Für sehr dünne Schichten gilt: $F \ll 1$ und $Q \approx 1$, wodurch folgende Näherung für Gl. (4.36) durchgeführt werden kann:

$$\mu_r = \frac{F}{K}\left(\frac{S_{21,P}}{S_{21,L}} - 1\right) + 1 \cdot \quad (4.37)$$

Der Korrekturfaktor K berechnet sich hierbei unabhängig von der zu messenden Probe aus $S_{21,L}$ als:

$$K = 1 + \frac{S_{21,L}}{1 - S_{21,L}}. \qquad (4.38)$$

Da die Berechnung der Spulenquerschnittsfläche aus der Geometrie des Messaufbaus ungenau ist und der daraus resultierende Fehler auf den Füllfaktor übertragen wird, wird A_L über eine Referenzmessung bestimmt. Für eine bekannte Referenzpermeabilität $\mu_{r,ref}$ ergibt sich aus den Gl. (4.33) und Gl. (4.38):

$$A_L = (\mu_{r,ref} - 1)^{-1} \frac{A_M}{K} \left(\frac{S_{21,ref}}{S_{21,L}} - 1 \right). \qquad (4.39)$$

4.2.1.3 Ablauf des Messverfahrens

Um die Transmissionskoeffizienten aus Kap. 4.2.1.2 zu erhalten, sind prinzipiell eine Leermessung zur Bestimmung von $S_{21,L}$ und eine Messung mit Probe $S_{21,P}$ erforderlich. Damit die Vergleichbarkeit mehrerer Folgemessungen gewährleistet ist und um Fehler durch Lageabweichungen der einzelnen Proben zu minimieren, wird die Permeabilität der Probe durch ein äußeres Magnetfeld auf nahezu eins herabgesetzt. Die Probe kann hierbei im Messaufbau bleiben; nach dem Abschalten des Magnetfeldes stellt sich die ursprüngliche Permeabilität des Dünnschichtmaterials wieder ein. Der Füllfaktor wird hierbei über die geometrischen Maße des Aufbaus berechnet. Dabei ergibt sich A_L aus der Fläche, die die Streifenleiterlänge l_{sl} und dessen deren Abstand zur Grundplatte h_{sl} bilden (Bild 4.14). Da dieser Messaufbau nur bei ausreichend niedrigen Frequenzen einer Spule gleicht, ist F fehlerbehaftet. Zur Minimierung dieses Fehlers wird ein weiterer Messschritt in das Verfahren eingefügt. Dazu wird A_L aus eine Referenzmessung von $S_{21,ref}$ mit einer Probe mit bekanntem $\mu_{r,ref}$ berechnet. Die Vermessung einer bekannten Probe erfordert wiederum einen Wechsel der Probenträger im Messaufbau. Um die daraus resultierenden Fehler zu minimieren, wird $S_{21,L}$ aus Gl. (4.11) durch eine weitere Messung bei Sättigung der Probe mit externem Magnetfeld bestimmt. Für den neuen Transmissionskoeffizienten $S^{sat}_{21,Probe}$ ergibt sich die Permeabilität $\mu_{r,Probe}$ als:

$$\mu_{r,Probe} = \frac{F}{K} \left(\frac{S_{21,P}}{S^{sat}_{21}} - 1 \right) + 1. \qquad (4.40)$$

Da das Referenzmaterial eine ferromagnetische Resonanz besitzt, kann $\mu_{r,ref}$ nur für niedrige Frequenzen als konstant angenommen werden. Somit ist der Füllfaktor nur für diesen Frequenzbereich genau bestimmt, während für höhere Frequenzen mit Fehlern zu rechnen ist.

4.2.2 Optimierung des Permeameteraufbaus

Der Arbeitsfrequenzbereich wird durch die Resonanzfrequenz f_{res} der Struktur limitiert. Sie entsteht, da sowohl die gewünschte Induktivität $L(\mu)$, welche vom magnetischen Material abhängt, als auch unerwünschte, parasitäre Kapazitäten C_p vorhanden sind. So folgt f_{res} als [12 S. E 24]:

4.2 Permeameter mit kurzgeschlossener Streifenleitung

$$f_{res} = \frac{1}{2\pi\sqrt{L(\mu)C_p}}.\qquad(4.41)$$

Der aus der Resonanz resultierende Fehler bei der Permeabilitätsberechnung wird in Bild 4.18 gezeigt. Es wurde in Simulationen mit HFSS zunächst eine frequenzunabhängige, reelle Permeabilität von 200 angenommen und dann aus den berechneten S-Parametern die „gemessene" Permeabilität bestimmt. Bei niedrigen Frequenzen bis ca. 2 GHz wird μ_r korrekt berechnet.

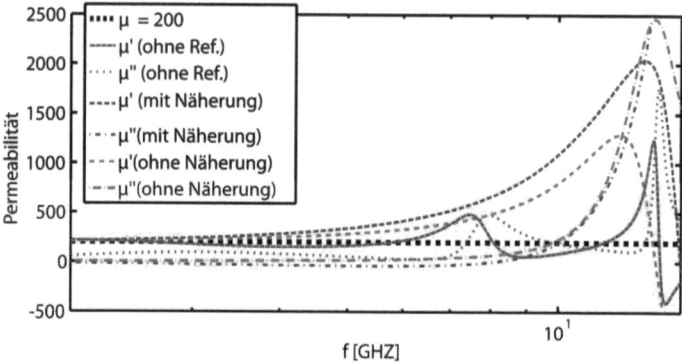

Bild 4.18: Aus der Eigenresonanz resultierende Fehler im Permeabilitätsspektrum

Das rote Kurvenpaar zeigt eine Resonanz bei ca. 7 GHz, welche als FMR fehlinterpretiert werden kann. Weiter könnten die Verluste um 3 GHz fälschlicherweise als Wirbelstromverluste gedeutet werden. Eine erste Optimierung kann durch eine Verschiebung der Referenzebenen des NWAs zum Ende der Koaxialkabel erreicht werden. Damit wird die Resonanzfrequenz zu 15 GHz verschoben. Generell müssen die Koaxialkabel so kurz wie möglich sein, um stehende Wellen durch Fehlanpassungen an den Steckern und dem unangepassten Streifenleiter im Messbereich zu vermeiden.

Weiter werden in Bild 4.18 die Ergebnisse der Gl. (4.36) (grün) und deren Vereinfachung Gl. (4.37) (blau) gezeigt. Beim Vergleich beider Graphen zeigen sich nur minimale Abweichungen. Aus diesem Grund wird im Weiteren Gl. (4.37) zur Bestimmung der Permeabilität verwendet.

Ziel der folgenden Optimierung ist es, durch Variation der Geometrie die parasitären Kapazitäten zwischen Streifenleiter und Kupferblock zu minimieren, um so den Arbeitsfrequenzbereich zu maximieren. Dabei soll die Empfindlichkeit des Permeameters so hoch wie möglich sein. Das Permeameter besitzt drei Freiheitsgrade, die variiert werden: die Höhe h_{sl}, die Länge l_{sl} und die Breite w_{sl} des Streifenleiters (Bild 4.19). Verringern sich l_{sl}, so verschiebt sich f_{res} zu höheren Frequenzen, da sowohl die Induktivität als auch die parasitären Kapazitäten kleiner werden.

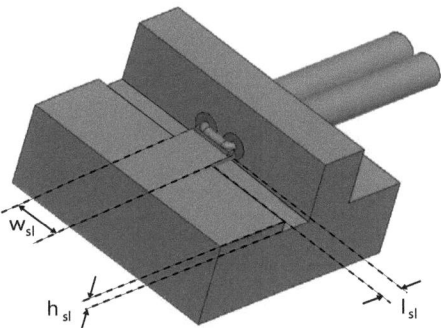

Bild 4.19: Aufbau Permeameter

Aufgrund des größer werdenden Füllfaktors für minimale Höhe und Länge wird die Empfindlichkeit des Permeameters maximal. Dabei wird die minimale Höhe und Länge allerdings durch die Abmessungen der Probe beschränkt. Die Breite w_{sl} hat nur einen sehr geringen Einfluss auf die Resonanzfrequenz f_{res} und die Empfindlichkeit des Permeameters.

4.2.3 Erweiterung des Messverfahrens

Da zur Berechnung der Permeabilität der Füllfaktor F verwendet wird, welcher über eine Referenzmessung mit bekannter Probe bestimmt werden muss, ist die berechnete Permeabilität nur in diesem zur Kalibrierung verwendeten Frequenzbereich genau. Weiter ist der Füllfaktor ein Mittelwert über den verwendeten Frequenzbereich und somit eine frequenzunabhängige Größe. Dies führt zwangsläufig zu Fehlern und Ungenauigkeiten bei Frequenzen nahe oder oberhalb der ferromagnetischen Resonanz (der Referenzprobe).

Das in den bisherigen Versuchsreihen verwendete Referenzprobenmaterial FeCoBSi [16] hat eine f_{FMR}, die je nach Probe bei ca. 2 GHz liegt. Um den Fehler aus der Bestimmung des Füllfaktors weiter zu minimieren, indem dieser frequenzabhängig bestimmt wird, muss ein Material mit einer f_{FMR} von über 15 GHz und signifikanter Permeabilität ($\mu \gg 1$) gefunden werden. Allerdings sind solche speziellen Materialien kaum verfügbar. Alternativ kann jedoch die Permeabilität und ferromagnetische Resonanzfrequenz des magnetischen Materials mit einem externen magnetischen Feld H_{ext} nach Kap. 4.1.7. variiert werden. Damit ist es möglich, die ferromagnetische Resonanz der FeCoBSi-Probe mit externem Magnetfeld auf Frequenzen von über 15 GHz zu verschieben und eine konstante, aber unbekannte Permeabilität bis 15 GHz zu erzeugen. Somit kann nun ein frequenzabhängiger Füllfaktor F(f) bestimmt werden. Es ergibt sich ein erweiterter Messablauf, der fünf Schritte umfasst, die in Bild 4.20 gezeigt sind.

4.2 Permeameter mit kurzgeschlossener Streifenleitung

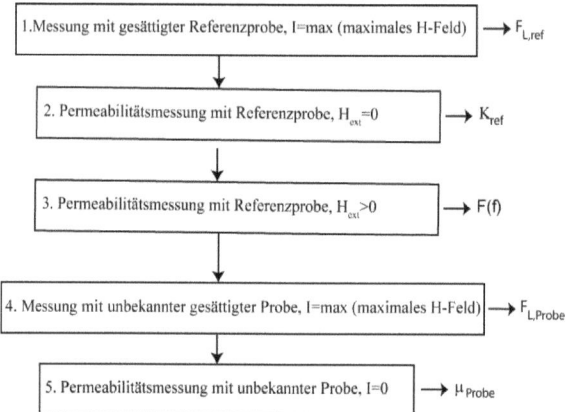

Bild 4.20: Erweiterter Messablauf

Allerdings ist die mit dem externen H-Feld variierte Permeabilität unbekannt. Daher müssen weiterhin die Schritte 1 und 2 durchgeführt werden, um die in Schritt 3 gemessene Permeabilität zu skalieren. Mit den Daten aus den Schritten 1, 2 und 3 kann nun der frequenzabhängige Füllfaktor F(f) bestimmt werden. Um damit die Permeabilität einer unbekannten Probe zu ermitteln, sind noch die Schritte 4 und 5 erforderlich.

Das erweiterte Verfahren wurde analog zu Kap. 4.2.2 überprüft. Dazu wurden alle Verfahrensschritte (1–5) simulatorisch mit HFSS berechnet und μ_r bestimmt. Es wurde eine reelle Permeabilität von $\mu_r = 200$ angenommen. In Bild 4.21 zeigt sich die Verbesserung bei der Verwendung des frequenzabhängigen Füllfaktors, verglichen mit den in Bild 4.18 dargestellten Berechnungen.

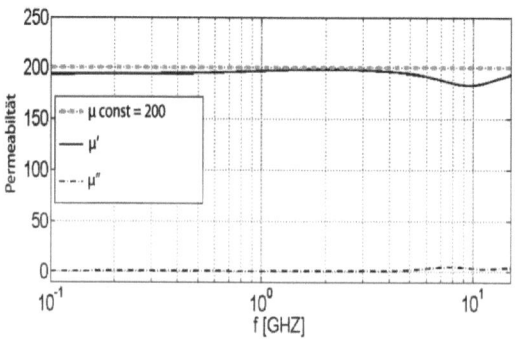

Bild 4.21: Berechnete Permeabilität unter Verwendung von F(f)

Nur um 9 GHz zeigt sich eine kleine Abweichung, die sich mit dem einfachen Permeametermodell erklären lässt, welches nicht alle physikalischen Effekte richtig wiedergibt.

4.2.4 Überprüfung der Messergebnisse

Analog zu Kap.4.1.3 wird der entstehende Messfehler mit Hilfe einer FeCoBSi-Probe in einem externen Feld mit dem in Kap. 4.1.5 vorgestellten Messaufbau untersucht.

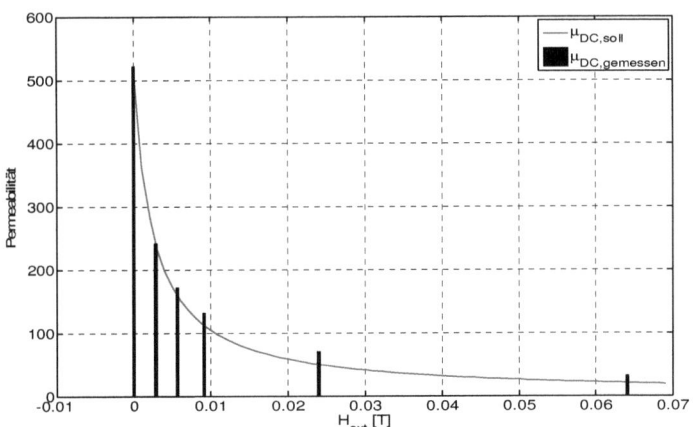

Bild 4.22: Gegenüberstellung der Permeabilitätswerte aus Messung und Theorie

Wieder werden die Gl. (4.27) und Gl. (4.28) verwendet, die das Verhalten der ferromagnetischen Resonanzfrequenz und der Permeabilität bei tiefen Frequenzen μ_{DC} in Abhängigkeit von dem externen magnetischen Feld H_{ext} beschreiben. Für die beispielhaft untersuchten FeCoBSi-Proben können die Messergebnisse überprüft werden. Die Messwerte (schwarze Balken) und Sollwerte (rote Kurve) für verschiedene H_{ext} sind in Bild 4.22 gezeigt. Es zeigt sich eine gute Übereinstimmung zwischen der gemessenen und der berechneten Permeabilität. Jedoch wächst, wie erwartet, der Fehler mit zunehmender Differenz der Permeabilitäten der Proben bei Kalibration und Messung. Verglichen mit der Koplanarleitung (Bild 4.12) ist der gemessene Fehler wesentlich geringer.

4.3 Bestimmung der Materialparameter aus den gemessenen Permeabilitätsspektren

Im nachfolgenden Abschnitt wird ein Verfahren zur Bestimmung unbekannter Materialparameter aus dem gemessenen Permeabilitätsspektrum vorgestellt. Ziel ist es, mit Hilfe der nicht linearen Regression die Differenz zwischen dem gemessenen und dem berechneten Spektrum durch Variation von Modellparametern (bzw. Materialparametern) zu minimieren. So können die Einflüsse verschiedener Herstellungsparameter, wie z. B. Druck, Temperatur und magnetisches Gleichfeld, auf die Materialparameter der hergestellten Komposite bestimmt werden.

Grundlage der verwendeten Modelle sind die in Kap. 3 vorgestellten funktionalen Zusammenhänge zwischen dem Permeabilitätsspektrum, den Materialparametern und der Schichtstruktur.

4.3 Bestimmung der Materialparameter aus den gemessenen Permeabilitätsspektren

Entscheidend ist, dass die Schichtstruktur und der Füllfaktor des magnetischen Materials genau bekannt sind, damit die passende Modellfunktion gewählt werden kann. Dabei ist die Permeabilität eine komplexe Funktion der Frequenz und der für die Kurvenangleichung freigegebenen Modellparameter (Sättigungsmagnetisierung, kristalline Anisotropie und Dämpfungskonstante):

$$\mu = f(\omega, M_s, H_k, \alpha) \tag{4.42}$$

Die Messungen werden mit dem Netzwerkanalysator durchgeführt. Somit wird die Frequenz ω als bekannt angenommen. Die Modellparameter werden mit Hilfe nicht linearer Regression [25 S. 2-21], [26 S. 26-27], [27 S. 126-129] den gemessenen Spektren angeglichen. Im einfachsten Fall (Dünnschicht) lassen sich die zu bestimmenden Parameter M_s, H_k und α als ein Vektor zusammenfassen zu:

$$\vec{\vartheta} = \begin{pmatrix} M_s \\ H_k \\ \alpha \end{pmatrix}. \tag{4.43}$$

Die Modellparameter werden iterativ mit der Gauß-Newton-Methode an die Messdaten angeglichen. Aus den partiellen Ableitungen nach den Parametern folgt der nächste Iterationsschritt. Die partiellen Ableitungen sind durch die Jacobi-Matrix gegeben:

$$J = \begin{bmatrix} \dfrac{\partial \mu(\omega_1)}{\partial M_s} & \cdots & \dfrac{\partial \mu(\omega_1)}{\partial \alpha} \\ \vdots & \ddots & \vdots \\ \dfrac{\partial \mu(\omega_n)}{\partial M_s} & \cdots & \dfrac{\partial \mu(\omega_n)}{\partial \alpha} \end{bmatrix}. \tag{4.44}$$

Die Schwierigkeit besteht nun darin, aus der komplexwertigen Jacobi-Matrix die reellwertigen Modellparameter zu bestimmen. In dieser Arbeit wird dies mit dem Levenberg-Marquardt-Algorithmus [27 S. 127] gelöst. Damit ergibt sich der erste Iterationsschritt:

$$\begin{aligned} \Delta\vec{\vartheta} = (\text{Re}\{J\}^T \text{Re}\{J\} + \text{Im}\{J\}^T \text{Im}\{J\})^{-1} \\ (\text{Re}\{J\}^T \text{Re}\{\Delta\vec{\mu}\} + \text{Im}\{J\}^T \text{Im}\{\Delta\vec{\mu}\}). \end{aligned} \tag{4.45}$$

Dabei bedeutet der Vektor $\Delta\vec{\mu}$ die Differenz zwischen den gemessenen Daten $\vec{\mu}_m$ und den aktuellen Modellparametern und berechnet sich als

$$\Delta\vec{\mu} = \begin{bmatrix} \mu_m(\omega_1) - f(\omega_1, \vec{\vartheta}) \\ \vdots \\ \mu_m(\omega_n) - f(\omega_n, \vec{\vartheta}) \end{bmatrix}. \tag{4.46}$$

Im nächsten Iterationsschritt (m+1) wird der Parametervektor $\vec{\vartheta}_{m+1} = \vec{\vartheta}_m + \Delta\vec{\vartheta}$ verwendet. Iteriert wird, bis der mittlere quadratische Fehler (RMSE) einen Grenzwert unterschritten hat oder nicht mehr konvergiert. Nach Konvergenz beinhaltet der Vektor $\vec{\vartheta}_{m+1}$ die genäherten Materialparameter.

Zur Bestimmung des ersten Iterationsschrittes werden Startwerte für die Modellparameter benötigt. Dies muss mit ausreichender Sorgfalt erfolgen. Bei Untersuchungen stellte sich heraus, dass durch ungünstige Wahl der Startwerte die Algorithmen in ein lokales Minimum konvergieren können und keine zufriedenstellenden Ergebnisse ermittelt werden. Die Berechnungen werden mit der Funktion *nlinfit* aus der *Statistics Toolbox* von Matlab durchgeführt.

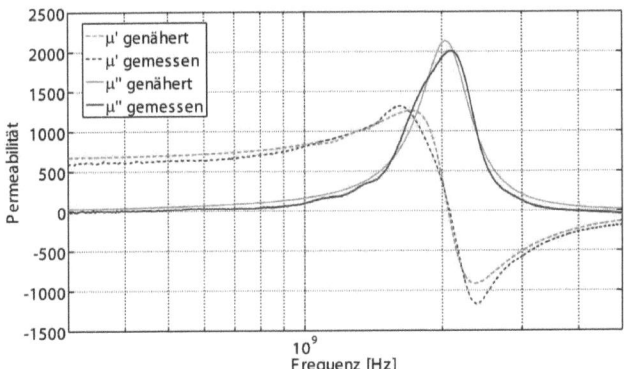

Bild 4.23: Messdaten und genäherte Daten

Um das Verfahren zu verifizieren, wurde exemplarisch ein FeCoBSi Dünnfilm mit Hilfe des in Kap. 4.2 beschriebenen Permeameters charakterisiert und die unbekannten Materialparameter bestimmt. Dabei wurde Gl. (3.11) als Modellfunktion verwendet. Bei dem Vergleich des gemessenen und genäherten Spektrums stimmen die ferromagnetischen Resonanzfrequenzen sehr gut überein. Allerdings zeigt sich bei tiefen Frequenzen ein Fehler bei μ_r, welcher zwei mögliche Ursachen haben könnte. Zum einen ist ein Messfehler durch die Kalibrierung mit einer Referenzprobe möglich. Zum anderen kann ein Fehler in der Modellfunktion vorliegen, wenn ein Unterschied zwischen realer und angenommener Schichtstruktur besteht.

Im letzten Iterationsschritt ergaben sich folgende Materialparameter: $\mu_0 M_s = 1.895$ T, $\mu_0 H_k = 0.0028$ T und $\alpha = 0.012$. Um diese zu verifizieren, wurden zusätzlich noch Messungen mit einem „Vibrating Sample Magnetometer" (VSM) [28] gemacht. Die Ergebnisse sind in Bild 4.24 dargestellt.

4.3 Bestimmung der Materialparameter aus den gemessenen Permeabilitätsspektren

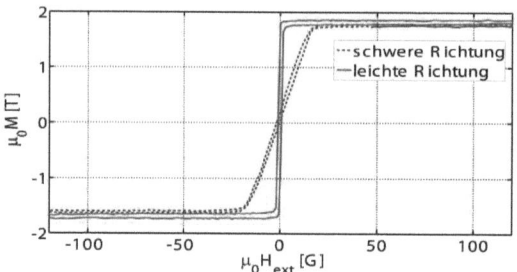

Bild 4.24: VSM-Messungen der FeCoBSi-Probe

Aus den VSM-Messungen können die folgenden Materialparameter abgelesen werden: $\mu_0 M_s \approx$ 1.9 T und $\mu_0 H_k \approx 0.0025$ T. Diese Werte sind in sehr guter Übereinstimmung mit den genäherten Werten: $\mu_0 M_s = 1.895$ T, $\mu_0 H_k = 0.0028$ T und $\alpha = 0.012$.

Bei der Anwendung des hier beschriebenen Verfahrens zeigt die Erfahrung, dass es zu Problemen kommen kann. Beispielsweise werden Materialparameter ohne physikalische Bedeutung gefunden oder es treten Konvergenzprobleme auf. Diese Fehler beruhen teilweise auf unvermeidbaren Messfehlern, wie z. B. einem zu schlechten Signal-zu-Rausch-Verhältnis. Sie können aber auch aufgrund einer „effektiven Inhomogenität" des Materials entstehen (siehe Kap. 2.5). Damit gewährleistet wird, dass alle magnetischen Momente parallel ausgerichtet sind, wird vor der endgültigen Messung eine Messreihe mit unterschiedlichen externen Feldstärken durchgeführt. Dabei wird untersucht, wie die Permeabilität bei niedrigen Frequenzen μ_{DC} vom externen magnetischen H_{ext} abhängt. Gesucht ist dabei die Feldstärke, bei der die Permeabilität maximal ist. Es werden Messungen bei verschieden Feldstärken gemacht; diese Messungen werden als Stützstellen einer approximierenden Funktion 5. Grades (siehe Bild 4.25) verwendet. Dem Maximum dieser Funktion ist die minimal benötigte Feldstärke $H_{DC,min}$ zugeordnet, hier 33 G. Bei weiteren Messungen am selben Messobjekt wird das angelegte $H_{DC,min}$ berücksichtigt.

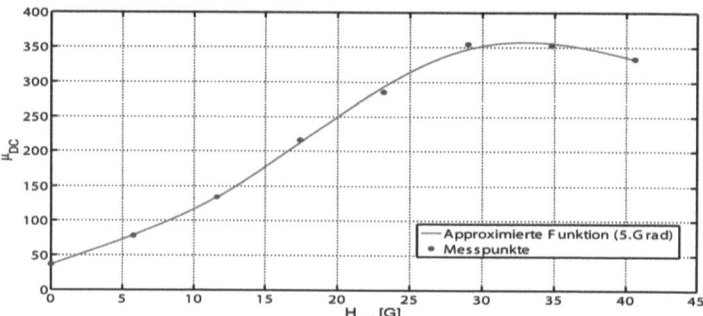

Bild 4.25: Permeabilität bei verschiedenen externen magnetischen Gleichfeldern (blaue Punkte) und die approximierende Funktion (rot) zum Bestimmen des minimal benötigten Gleichfeldes

5 Hochfrequenzbauteile mit weichmagnetischen Kernen

Die beschriebenen neuartigen magnetischen Materialien werden nun in verschiedenen Hochfrequenzkomponenten eingesetzt. Diese Bauteile werden mit Hilfe von Ersatzschaltbildern beschrieben und ihr Betriebsverhalten durch Simulationen erfasst, um sie optimal an die magnetischen Materialien anzupassen. Da die Herstellung zeit- und arbeitsaufwendig ist [29], sind theoretische und simulatorische Modelle notwendig, mit denen eine effiziente Entwicklung möglich ist. Daher werden vor der praktischen Realisierung die Komponenten mit dem 3D-Feldsimulator HFSS [3] simuliert. Die Software berechnet für beliebige dreidimensionale Strukturen aus verschiedensten Materialien ($\varepsilon(f)$, $\mu(f)$, σ), Quellen und Randbedingungen das elektromagnetische Verhalten, das heißt, die Maxwell'schen Gleichungen werden numerisch gelöst.

5.1 Die Torus-Spule

5.1.1 Grundlagen

5.1.1.1 Modell der Torus-Spule

Zunächst wird eine Torus-Spule untersucht, deren Aufbau in Bild 5.1 dargestellt ist. Die Torus-Spule ist wegen des geringen Streufeldes für praktische Anwendungen von besonderem Interesse. Im zugehörigen Simulationsmodell (Bild 5.1) werden folgende Eigenschaften berücksichtigt: die Form der Wicklungen (orange), das magnetische Material (dunkelgrau), das Substrat (grau) und die Anregung (grau-blau).

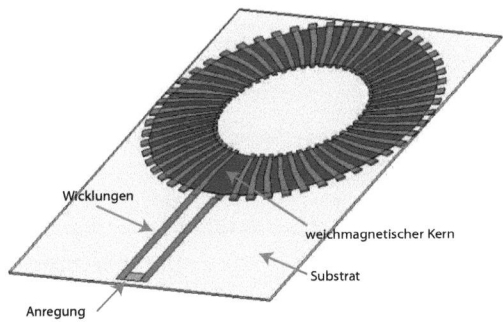

Bild 5.1: Modell der Torus-Spule

Um die numerischen Simulationen effizienter durchzuführen, wird bei der Modellentwicklung anfangs ein Kern aus einem isotropen und frequenzunabhängigen Material angenommen.

5.1 Die Torus-Spule

Mit dem Feldsimulator wird anhand der Spulengeometrie und der entsprechenden Kernmaterialdaten der Eingangsreflexionsparameter S_{11} berechnet. Hieraus lässt sich die Eingangsimpedanz Z_{11} der Spule ermitteln als:

$$Z_{11} = Z_0 \frac{1+S_{11}}{1-S_{11}}. \qquad (5.1)$$

Z_0 ist eine Bezugsimpedanz, die zu 50 Ω gewählt wird. Die Auswertung der Daten erfolgt anhand der Impedanzparameter (Z-Parameter), denn bei einer Spule gilt:

$$\mathrm{Im}(Z_{11}) = j\omega L. \qquad (5.2)$$

5.1.1.2 Resonanz einer Torus-Spule

Für die untersuchte Torus-Spule soll zunächst deren Eigenresonanz betrachtet werden. Diese tritt auf, da sowohl eine erwünschte Induktivität als auch unerwünschte parasitäre Kapazitäten vorhanden sind. Diese Energiespeicher können in Resonanz mit der Resonanzfrequenz f_{res} geraten. Wenn weit unterhalb dieser Resonanz gearbeitet wird, d. h. dort wo der Imaginärteil der Eingangsimpedanz von Z_{11} linear ansteigt, verhält sich die Spule rein induktiv (siehe Bild 5.2). Ausschließlich in diesem Frequenzbereich kann die Spule als konzentriertes Bauteil eingesetzt werden.

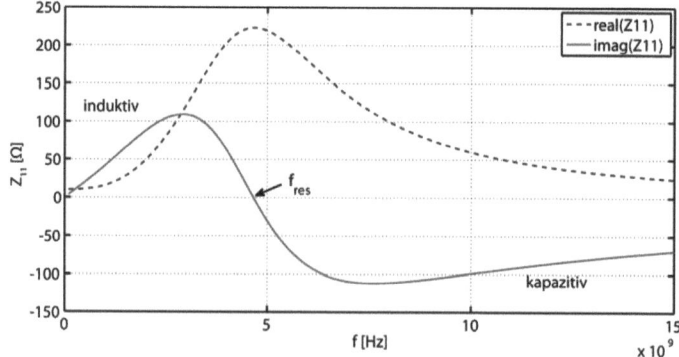

Bild 5.2: Verhalten des Induktors unterhalb und oberhalb der Eigenresonanz

Die Resonanzfrequenz f_{res} einer Spule ohne Kern und ohne Leitungswiderstand folgt nach [12 S. C 19] als:

$$f_{res} = \frac{1}{2\pi\sqrt{L_{ges}C_{ges}}}, \quad (5.3)$$

mit L_{ges} der Summe aller auftretenden Induktivitäten und C_{ges} der Summe aller Kapazitäten. Bei der Resonanzfrequenz ist der Imaginärteil von $Z_{11} = 0$. Oberhalb von f_{res} verhält sich die Spule kapazitiv.

5.1.1.3 Gütefaktor der Torus-Spule

Neben der Induktivität einer Spule ist der Gütefaktor für praktische Anwendungen eine sehr wichtige Größe. Gütefaktoren von Induktoren lassen sich auf verschiedene Weise definieren. Eine oft verwendete und im Folgenden angenommene Definition des Gütefaktors Q_T lautet:

$$Q_T(f) = \frac{\text{imag}(Z_{11}(f))}{\text{real}(Z_{11}(f))}. \quad (5.4)$$

Näherungsweise lässt sich Q_T durch drei Faktoren beschreiben:

$$Q_T \approx \frac{2\pi f L_{DC}}{R_{ges}(f)} \cdot A_1(f) \cdot A_2(f); \quad (5.5)$$

der Faktor $A_1(f)$ beschreibt die Verluste, welche durch das Kernmaterial verursacht werden, während $A_2(f)$ Verluste durch die Resonanz der Struktur berücksichtigt. Beide Faktoren können Werte zwischen null und eins annehmen. Der erste Faktor in Gl. (5.5) ist abhängig von der Ausführungsform der Spule. Der Wert der Induktivität L_{DC} ist gegeben durch die geometrischen Abmessungen, die Permeabilität μ^{eff} des magnetischen Kernmaterials und den Füllfaktor der Spule. Eine Erhöhung von Q_T kann nach Gl. (5.5) durch eine Reduktion des Gesamtwiderstandes $R_{ges}(f)$ erfolgen. Eine Reduktion des DC-Widerstandes, der der untere Grenzwert von $R_t(f)$ ist, kann durch eine Vergrößerung des Leiterbahnquerschnitts oder eine Verringerung der Leitungslänge erreicht werden.

5.1.2 Ersatzschaltbild

Neben den Feldsimulationen mit HFSS ist es sehr hilfreich die Spule durch ein Ersatzschaltbild (ESB) zu beschreiben. Es reicht dabei nicht aus, nur die konventionelle Formel Gl. (5.6) anzuwenden (N Anzahl der Wicklungen, A_L Querschnittsfläche der Spule und l_{SP} mittlere Spulenlänge).

$$L = \mu_0 \mu_r N^2 \frac{A_L}{l_{SP}} \quad (5.6)$$

Vielmehr wird ein auf einer Wicklung basierendes Modell entworfen. Dabei wird die Torus-Struktur als eine Kette von N gekoppelten, rechteckigen Wicklungen beschrieben. Jede Wicklung wird mit einer Impedanz Z_n und einer Admittanz Y_n n ∈ [1...N] modelliert, wie in Bild 5.3. abgebildet.

5.1 Die Torus-Spule

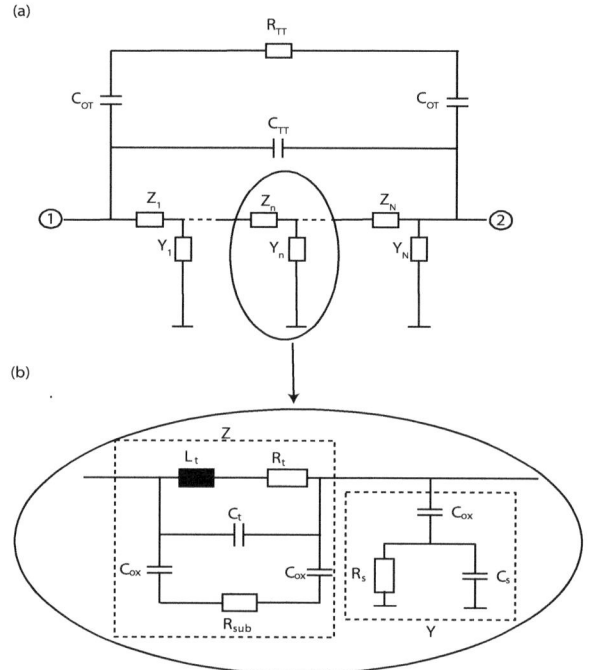

Bild 5.3: (a): Ersatzschaltbild der Torus-Spule mit N Wicklungen, (b): Ersatzschaltbild einer Wicklung

Dabei repräsentiert Z eine Serienreaktanz, die zwei Effekte nachbildet, nämlich den substratunabhängigen longitudinalen Stromfluss und zweitens den substratabhängigen transversalen Stromfluss.

Im Detail modelliert die Impedanz damit die folgenden Größen:

- R_t: Leitungswiderstand,
- L_t: Schleifeninduktivität,
- C_t: parasitäre Kapazität,
- R_{sub}: Substratwiderstand,
- C_{ox}: Oxidkapazitäten.

Y repräsentiert die konzentrierte Admittanz zur Masse und modelliert:

- C_{ox}: Oxidkapazität,
- C_s: Streukapazität,
- G_s: Streuleitwert.

Abhängig von den Ein- und Ausgangstoren der Spule können noch weitere parasitäre Elemente wichtig sein. Diese Elemente sind:

- C_{OT}: Oxidkapazität zwischen Kontaktierungsfläche und Wafer,
- C_{TT}: Tor-zu-Tor-Kapazität bei einem Zweitoraufbau,
- R_{TT}: Tor-zu-Tor-Widerstand bei einem Zweitoraufbau.

Diese Elemente sind von der Kontaktierung und Bauform (Ein- oder Zweitor) abhängig und müssen je nach verwendetem Entwurf bestimmt werden; da hier eine Kontaktierung gemäß Bild 5.1 (siehe Anregung) verwendet wird, haben diese Elemente nur einen vernachlässigbaren Einfluss oder sind nicht vorhanden.

5.1.2.1 Modellparameter der Torus-Spule

Zur Bestimmung der Ersatzschaltbildgrößen werden folgende Parameter (siehe Bild 5.4 und Bild 5.5) verwendet:

- a: mittlere Leiterlänge (a $=2d_c+b_K+t$),
- A_c: Leiterfläche parallel zum Kern,
- b_K: Kernbreite,
- D: mittlerer Kerndurchmesser,
- d_c: Abstand zwischen Kern und Wicklungen,
- d_s: mittlerer Abstand zwischen zwei benachbarten Wicklungen,
- h: Kernhöhe,
- N: Anzahl der Wicklungen,
- R_i: Innenradius,
- t: Leiterdicke,
- w_1: Innenbreite der Wicklungen,
- w_2: Außenbreite der Wicklungen,
- w_L: mittlere Leiterbreite ($w_L = \frac{w_1+w_2}{2}$).

5.1 Die Torus-Spule

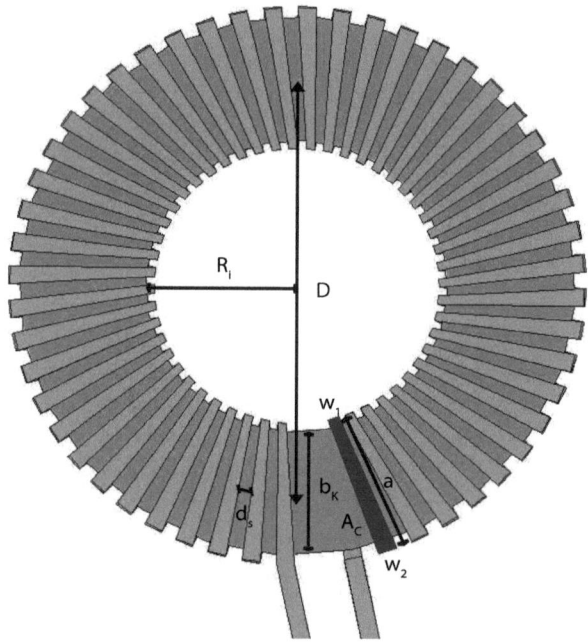

Bild 5.4: Aufsicht der Torus-Spule

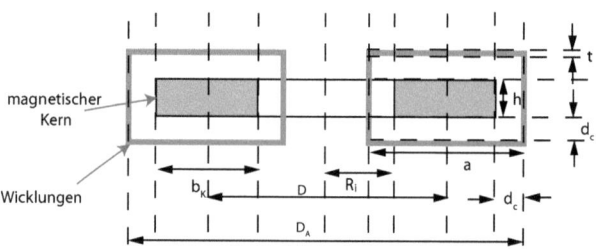

Bild 5.5: Querschnitt der Torus-Spule

5.1.2.2 Leitungswiderstand

Der Leitungswiderstand R_t beinhaltet den Gleichstromwiderstand einer Wicklung und berücksichtigt die Stromverdrängung aufgrund des Skineffekts. Somit kann R_t mit Hilfe der angepassten Wheeler-Gleichung [30] beschrieben werden als:

$$R_t(f) = \frac{\rho_{Au}(2(a+(2d_c+h)))}{w_L t - (w-2\delta)(t-2\delta)}.$$ (5.7)

Dabei ist ρ_{Au} der spezifische Widerstand des Leitermaterials, hier von Gold, w_L die Leiterbreite, t die Leiterdicke und δ die Eindringtiefe, die gegeben ist als $\delta = \sqrt{\rho_{Au}/(\pi\mu f)}$.

5.1.2.3 Schleifeninduktivität

Die Schleifeninduktivität L_t setzt sich aus der Eigeninduktivität L_{self} und der Gegeninduktivität L_m zusammen. Für eine rechteckige Schleifen-Spule ergibt sich die Eigeninduktivität als [31 S. 95]:

$$L_{self} = \frac{\mu^{eff}(f)}{\pi}\left[a\ln\left(\frac{2a}{t}\right) + h\ln\left(\frac{2(h+2d_c)}{t}\right) + 2\sqrt{a^2+(h+2d_c)^2} \right.$$
$$\left. -a\sinh^{-1}\left(\frac{a}{h+2d_c}\right) + (h+2d_c)\sinh^{-1}\left(\frac{h+2d_c}{a}\right) - 1.75(a+h+2d_c)\right]$$ (5.8)

Die Gegeninduktivität ist näherungsweise gegeben als [34 S. 17]:

$$L_m \approx \frac{\mu^{eff}(f)}{2\pi(0,5a+R_i)^3}(a(h+2d_c))^2.$$ (5.9)

Somit ergibt sich die Schleifeninduktivität als:

$$L_t = L_{self} + L_m.$$ (5.10)

5.1.2.4 Parasitäre Kapazität

Neben der erwünschten Induktivität ist auch noch eine parasitäre Kapazität C_t vorhanden. Diese ist die Summe aus zwei parallelen Kapazitäten C_k und C_{tt}. Die Kapazität C_k bildet sich zwischen der Leiterschleife und dem Kern aus. Näherungsweise kann sie beschrieben werden durch:

$$C_k \approx 2\varepsilon_0\varepsilon_r k_k \frac{A_c}{d_c},$$ (5.11)

mit A_c, der Fläche mit der Flächennormalen senkrecht zum Kern (dunkelrote Fläche in Bild 5.4). Die zweite Kapazität C_{tt} entsteht zwischen zwei benachbarten Wicklungen. Sie kann näherungsweise bestimmt werden als [32]:

5.1 Die Torus-Spule

$$C_{tt} \approx k_{tt} \varepsilon_0 \varepsilon_r \frac{A_s}{d_s}, \qquad (5.12)$$

mit A_s, der Leiterfläche, deren Flächennormale parallel zum Kern ist, d_s, dem mittleren Abstand zwischen zwei benachbarten Wicklungen, und k_{tt}, einem Faktor, der die Kanteneffekte berücksichtigt.

5.1.2.5 Substratwiderstand

Der durch den transversalen Stromfluss bedingte Substratwiderstand R_{sub} zwischen zwei benachbarten Wicklungen kann mit Hilfe von konformen Abbildungen bestimmt werden [33]:

$$R_{sub} = \frac{\rho_s}{bF_R} \exp\left(\frac{-t}{2\sqrt{\frac{\rho_{Au}}{f\pi\mu}}}\right), \qquad (5.13)$$

mit ρ_s, dem spezifischen Widerstand des Substrats und dem Geometriefaktor F_R, der lautet:

$$F_R = \frac{1}{\pi}\ln\frac{2(1+\sqrt{k})}{1-\sqrt{k}} + \left\{\left[\frac{1}{\pi}\ln\frac{2(1+\sqrt{k'})}{1-\sqrt{k'}}\right]^{-1} - \frac{1}{\pi}\ln\frac{2(1+\sqrt{k})}{1-\sqrt{k}}\right\} \cdot \frac{1}{1+\exp\left(\frac{k-0.707}{0.0001}\right)} \cdot \qquad (5.14)$$

Dabei ist

$$k = \frac{b_K N}{b_K N + 4(a+R_i)\pi} \quad \text{und} \quad k' = \sqrt{1-k^2}. \qquad (5.15)$$

Dies gilt für ausreichend dicke Metallsegmente ($t > \sqrt{\rho/(\mu f \pi)}$).

5.1.2.6 Oxidkapazität

Die Oxidkapazität C_{ox} zwischen Leiter und Wafer ergibt sich als:

$$C_{ox} \approx 4\varepsilon_0 \varepsilon_r \frac{A_c}{h_{ox}}, \qquad (5.16)$$

mit h_{ox}, dem Abstand zwischen Wafer und Leiter. Als Dielektrikum muss der Lack (hier Bisbenzocyclobutene) berücksichtigt werden.

5.1.2.7 Streuelemente

Die parasitären Streuelemente C_s und G_s werden wie folgt abgeschätzt:

$$C_s = \frac{\varepsilon_r \varepsilon_0}{H_{BCB}} A_c, \tag{5.17}$$

$$G_s = \frac{b_K w_L}{\rho_s H_{BCB}}, \tag{5.18}$$

mit H_{BCB}, der Höhe des Lackes (Bisbenzocyclobutene) und ρ_s, dem spezifischen Widerstand des Substrats.

5.1.3 Vergleich zwischen Ersatzschaltbild und Messdaten

Um die Gültigkeit des Ersatzschaltbildes zu überprüfen, werden beispielhaft die Messdaten mit dem zugehörigen ESB-Verhalten verglichen. Die zur Berechnung benötigten Modellparameter wurden aus Querschnittsbildern der Torus-Spule bestimmt, die mit Hilfe eines fokussierten Ionenstrahl[4]-Mikroskops (FIB) hergestellt wurden (siehe Bild 5.6).

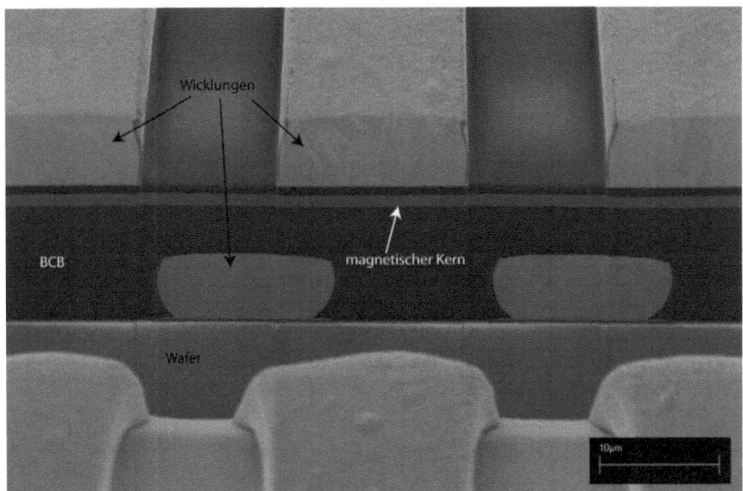

Bild 5.6: Querschnitt einer Torus-Spule

---

[4] Fokussierter Ionenstrahl, engl.: focused Ion Beam

5.1 Die Torus-Spule

Es sind die folgenden Modellparameter zur Berechnung der ESB-Bauteilgrößen verwendet worden:
$N = 20$, $R_i = 0,5$ mm, $b_K = 0,48$ mm, $h = 1$ µm, $D = 1$ mm, $d_c = 1$ µm, $a = 0,482$ mm
$w1 = w2 = 12$ µm und $t = 5$ µm. Das aus diesen Daten resultierende ESB-Verhalten und die Messdaten sind in Bild 5.7 dargestellt.

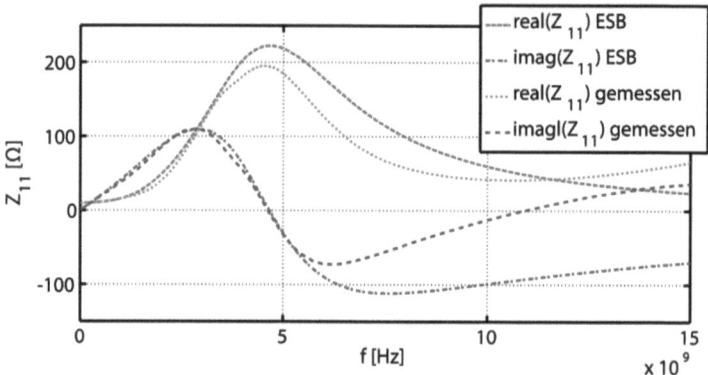

Bild 5.7: Berechnetes ESB-Verhalten und gemessenes Verhalten der Torus-Spule

Der Realteil von Z_{11} hat den gleichen Wert bei niedrigen Frequenzen. Dies entspricht dem Gleichstromwiderstand. Die Eigenresonanzfrequenzen bei 4,6 GHz sind nahezu identisch, allerdings sind die gemessenen Daten stärker gedämpft, was sich durch Messfehler und die optisch bestimmten Modellparameter erklären lässt. Weiter stimmen die beiden Imaginärteile sehr gut überein. Aus der übereinstimmenden Anfangssteigung folgt die Gleichheit der Induktivität L.

Es ist zu erkennen, dass die berechneten Daten mit den Messungen bis zur Eigenresonanz f_{res} sehr gut übereinstimmen. Folglich lässt sich mit dem ESB das Verhalten bis zur Eigenresonanz f_{res} bei korrekter Kenntnis aller Modellparameter sehr gut beschreiben.

5.1.4 Variation der Torus-Spule

Aus den vorigen Kapiteln gehen die folgenden Entwurfsparameter als entscheidende hervor:
- N: Wicklungszahl,
- b_K: Kernbreite
- A_c: Leiterfläche, die parallel zum Kern ist.

Ihre Einflüsse sollen im folgenden Abschnitt genauer untersucht werden. Dabei wird besonderes Augenmerk auf die Resonanzfrequenz f_{res} und die Induktivität L_{DC} bei niedrigen Frequenzen gelegt. Bei allen Simulationen wird von einem homogenen und isotropen magnetischen Kern ausgegangen. Weiter hat der Kern eine reelle, frequenzunabhängige, effektive Permeabilität von 50 bei einer Leitfähigkeit von 0 S/m. Dies ist eine zulässige Idealisierung, da bei diesen Untersuchungen der Fokus auf die Variation der Geometrie gerichtet ist, die sich problemlos auf andere Kernmaterialien übertragen lässt.

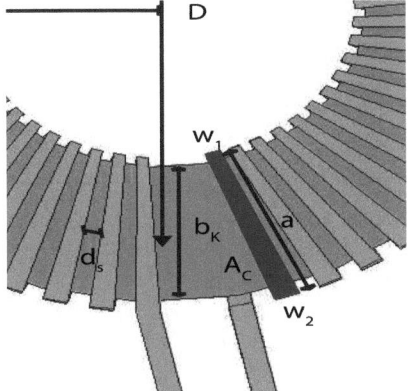

Bild 5.8: Ausschnitt aus der Aufsicht der Torus-Spule

5.1.4.1 Variation der Anzahl der Wicklungen

Bei der Variation der Anzahl der Wicklungen N wurden alle anderen, von N unabhängigen Parameter konstant gehalten. Es ergeben sich die in Bild 5.9 gezeigten Abhängigkeiten.

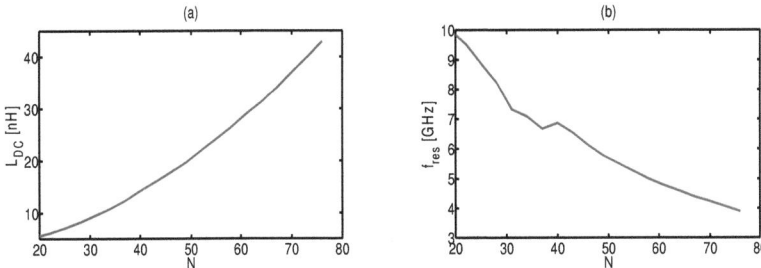

Bild 5.9: L_{DC} (a) und f_{res} (b) eines Mikroinduktors in Abhängigkeit von der Windungszahl N

Die simulierte Induktivität ist in Bild 5.9 (a) gezeigt. Anhand dieser Simulationsdaten ergibt sich erwartungsgemäß ein nicht linearer Einfluss von N. Die Schwankungen in der Kurve der Resonanzfrequenzen (Bild 5.9 (b)) beruhen auf unterschiedlichen Konvergenzen der einzelnen Simulationen. Es ist aber gut zu erkennen, dass f_{res} hyperbolisch mit steigendem N sinkt, da sowohl die Gesamtinduktivität als auch die parasitären Kapazitäten stark von N abhängen. Um die zu realisierende Induktivität bis zu hohen Frequenzen konstant zu halten, muss N so niedrig wie möglich und so hoch wie nötig gewählt werden.

5.1.4.2 Variation der Kernbreite

Variiert wurde die Kernbreite b_K zwischen 0.056 mm und 0.416 mm. Die restlichen, von b_K unabhängigen Parameter wurden mit N gleich 20 konstant gehalten.

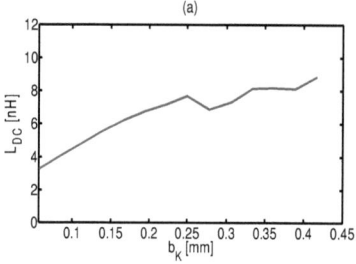
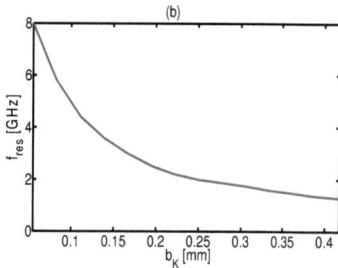

Bild 5.10: L_{DC} (a) und f_{res} (b), abhängig von der Kernbreite

In Bild 5.10 (a) ist die Induktivität gezeigt. Abgesehen von geringen Schwankungen, aufgrund verschiedener Konvergenzen, bestätigt sich ein linearer Zusammenhang zwischen Induktivität und Kernbreite. Neben der Induktivität wird in Bild 5.10 rechts die erste Resonanz abhängig von b_K gezeigt. Der Graph bestätigt den nicht linearen Zusammenhang, welcher aus der steigenden Induktivität und den wachsenden unerwünschten Kapazitäten folgt. Schließlich lässt sich festhalten, dass auch die Kernbreite so klein wie möglich sein sollte.

5.1.4.3 Variation der Leiterbreite

In diesem Abschnitt wird nur die Leiterbreite w1 geändert, und alle anderen Größen werden konstant gehalten. Weiter gilt: N = 20 und w2 = 2 w1. Variiert wurde w1 zwischen 0.0069 mm und 0.0416 mm.

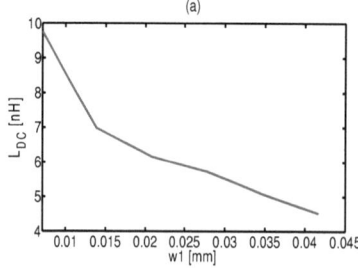
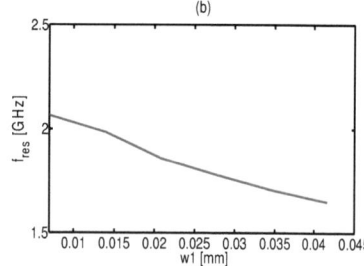

Bild 5.11: L_{DC} (links) und f_{res} (rechts), abhängig von der Leiterbreite

Bei der Variation der Leiterbreite und damit auch der Fläche A_c ist zu beobachten, dass die Eigenresonanzfrequenz und die Induktivität umso höher sind, je kleiner w1 ist. Dieses Verhalten ist auch zu erwarten, da sich die Gesamtkapazität verringert. Einerseits verkleinert sich die Kapazität zwischen Kern und Leiter, andererseits reduziert sich die Kapazität zwischen den Leitern, da der Abstand größer wird.

Zu beachten ist, dass sich der Leitungswiderstand bei Verringerung der Breite vergrößert, da sich der Leiterquerschnitt verkleinert. Dies kann mit einer entsprechenden Vergrößerung der Leiterhöhe kompensiert werden, so dass der Leiterquerschnitt konstant gehalten wird.

Die Leiterbreite ist ein entscheidender Parameter, da sich durch ihre Reduzierung, die unerwünschten Kapazitäten verringern lassen und sich die Induktivität erhöhen lässt. Bei der Herstellung ist die minimale Leiterbreite durch den Fertigungsprozess vorgegeben.

Aus den vorherigen Untersuchungen lassen sich folgende Entwurfsregeln formulieren:

- Windungszahl N und Kernbreite b_K müssen so klein wie möglich gehalten werden, um die erwünschte Induktivität zu erreichen.
- Die Breiten w1 und w2 sollten klein sein, wobei der Leitungswiderstand bei maximaler realisierbarer Leiterhöhe t nicht zu groß sein darf.

Die vorangegangenen Simulationen wurden für Torus-Spulen mit einem Außendurchmesser ($D_A = D+b_k$) von 1 mm durchgeführt, sind aber auf beliebige andere Außendurchmesser übertragbar. Die Größe von D_A hängt von der zu erreichenden Induktivität gemäß Gl. (5.10) ab. Exakt kann D_A aber nur zusammen mit allen andern Torus-Parametern bestimmt werden.

5.1.5 Magnetisches Kernmaterial

Aufgrund der geringen Güte und der niedrigen Eigenresonanz der Spulen mit Mehrlagen-Kern sollen im nächsten Absatz der magnetische Kern und dessen Einfluss auf die Torus-Spule genauer betrachtet werden. Dabei werden detailliert die Einflüsse der Permeabilität μ_r und der Leitfähigkeit σ untersucht.

Durch Einbringen eines magnetischen Kerns erhöht sich die Gleichstrominduktivität gemäß Gl. (5.10). Um eine hohe Induktivität zu erreichen oder sehr kleine Abmessungen zu realisieren, müssen Füllfaktor und Permeabilität hoch sein, da die Induktivität linear von der Permeabilität, gewichtet mit dem Füllfaktor, abhängt. Zu der erwünschten Erhöhung der Induktivität kommt allerdings das Generieren von parasitären Kapazitäten hinzu. Diese bilden sich hauptsächlich zwischen dem potentialfreien Kern und den Leitern aus. Somit folgt eine Verschiebung der Resonanzfrequenz zu niedrigen Werten.

5.1.5.1 Leitfähigkeit des magnetischen Kernmaterials

Neben der Permeabilität ist die Leitfähigkeit σ ein entscheidender Parameter, denn sie ermöglicht Wirbelströme (siehe Kap. 3.1.5), die ein magnetisches Feld erzeugen, welches seiner Ursache entgegenwirkt und damit die Induktivität reduziert. Weiter sind die parasitären Kapazitäten zwischen Leiter und Kern stark von der Leitfähigkeit abhängig. Um diesen Effekt zu untersuchen, wird eine Torus-Spule mit einem Außendurchmesser von 1 mm und 30 Wicklungen betrachtet. Weiter wird für den Kern eine frequenzunabhängige, isotrope, reelle Permeabilität von 50 angenommen. Variiert wird die Leitfähigkeit in allen drei Raumrichtungen [$\sigma_x \vec{e}_x, \sigma_y \vec{e}_y, \sigma_z \vec{e}_z$] zwischen 0 und 10^5 S/m. Dies

5.1 Die Torus-Spule

entspricht der Variation zwischen den Eigenschaften eines Isolators und eines weichmagnetischen Materials wie z. B. FeCoBSi. Bild 5.12 und Bild 5.13 zeigen den Einfluss der Leitfähigkeit auf Induktivität und Gütefaktor.

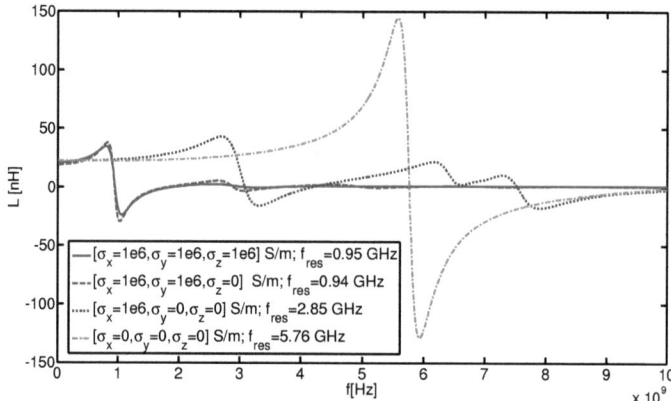

Bild 5.12: Induktivität in Abhängigkeit von der anisotropen Leitfähigkeit

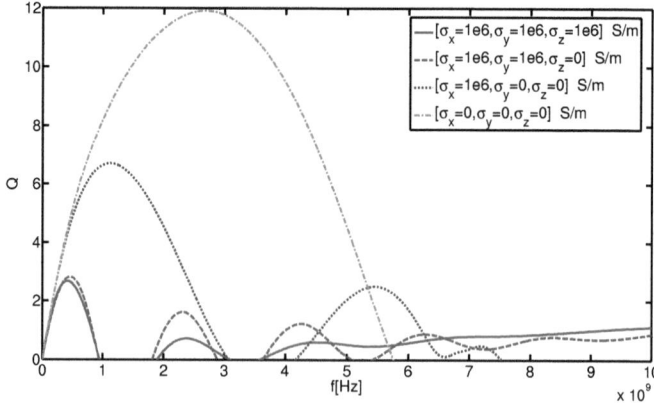

Bild 5.13: Gütefaktor in Abhängigkeit von der anisotropen Leitfähigkeit

Es wird ersichtlich, dass durch die hohe Leitfähigkeit und die komplexe Torus-Geometrie Wirbelströme entstehen und sich die parasitären Kapazitäten verändern. Daraus folgt eine Verschiebung der Resonanzfrequenz zu niedrigeren Frequenzen.

Durch Verwendung der komplexen, frequenzabhängigen Permeabilität modelliert die Induktivität L_t die Wirbelstromverluste und kann mittels der Untersuchungen in Kap. 3 abgeschätzt werden.

Da durch das Einbringen des Kerns eine größtmögliche Erhöhung der Induktivität erreicht werden soll, muss der Füllfaktor der Torus-Spule maximal sein und somit der Abstand d_c zwischen Kern und Wicklung minimal sein. Aufgrund dieses sehr kleinen Abstandes muss die parasitäre Kapazität C_t an die Leitfähigkeit des Kerns angepasst werden. Die starke Variation von C_t erklärt sich damit, dass, wenn die Leitfähigkeit des Kerns gering ist, sich beim Anlegen einer Spannung keine Ladungen ansammeln können und somit keine Kapazität zwischen Leitern und Kern vorliegt. Ist die Leitfähigkeit hoch, so entsteht eine Kapazität zwischen Kern und Leiter. Diese parallelen Kapazitäten summieren sich und verschieben die Resonanzfrequenz um mehrere Oktaven zu niedrigen Frequenzen.

Um breitbandige Spulen mit hoher Güte zu bauen, müssen die parasitären Kapazitäten klein sein. Somit sollte das optimale Kernmaterial sich wie ein Isolator verhalten. Ein solches Material wäre realisierbar mit magnetischen Nanopartikeln, eingebettet in eine nicht magnetische Matrix.

5.1.5.2 Segmentierter magnetischer Kern

Im folgenden Kapitel sollen Möglichkeiten untersucht werden, in wieweit Strukturierung eines magnetischen Dünnschichtkerns die Verluste durch die Wirbelströme und die parasitären Kapazitäten minimiert. Der Vorteil einer Dünnschicht gegenüber dem Nanokomposit ist, dass höhere Füllfaktoren erreicht werden können, da bei Nanokompositenkernen der Füllfaktor wesentlich kleiner als eins sein muss, um das Berühren von einzelnen Partikeln auszuschließen, welche größere Cluster bilden.

Durch die Verwendung von Mehrlagenkernen wird die Leitfähigkeit in z-Richtung (Spulennormale) minimiert. Dies verhindert Wirbelströme im Kernquerschnitt. Aufgrund der zirkularen ($\vec{e}_\varphi$) Feldverteilung des magnetischen Feldes entstehen auch Wirbelströme in der xy-Ebene. Um diese zu unterdrücken, wird der Kern zusätzlich, wie in Bild 5.14 gezeigt, strukturiert.

Bild 5.14: Torus-Spule mit einem segmentierten Kern

Die Abhängigkeiten zwischen der Anzahl der Spalte und der Induktivität L_{DC}, der Eigenresonanzfrequenz f_{res} und dem Gütefaktor Q_T werden in Bild 5.15 dargestellt. Es zeigt sich, dass durch die Segmentierung die Eigenresonanzfrequenz erhöht wird; allerdings verringert sich gleichzeitig die Induktivität. Diese Reduktion von L_{DC} erklärt sich mit der Verkleinerung des Füllfaktors. Dieser ist wiederum abhängig von der Spaltbreite. Die minimale Spaltbreite mit dem maximalen Füllfaktor der Spule wird durch den Strukturierungsprozess bestimmt. Deshalb werden die Simulationen mit einer realisierbaren Spaltbreite von 1 µm (gleich der Kernhöhe) durchgeführt.

Um die Induktivität konstant zu halten, müsste der Füllfaktor erhöht oder ein Kernmaterial mit höherer Permeabilität gewählt werden.

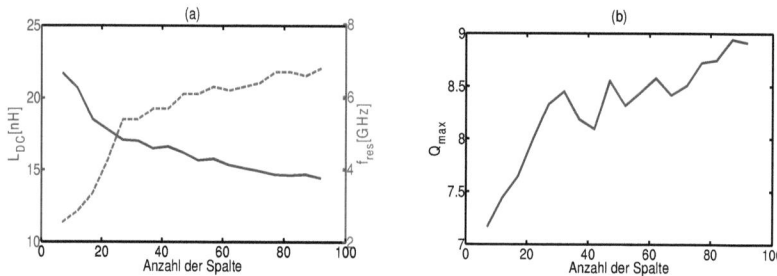

Bild 5.15: L_{DC}, f_{res} und Q in Abhängigkeit von der Anzahl der Spalte

Als verwendbarer Kompromiss zwischen L_{DC} und f_{res} stellt sich eine Spaltanzahl gleich der der Wicklungen heraus. Basierend auf diesem Kompromiss wurde eine Spule mit 75 Wicklungen und 75 Spalten mit einem Außendurchmesser von 1 mm gefertigt. Als Kernmaterial wurde ein FeCoBSi-Kern mit gekreuzter Anisotropie [34] verwendet.

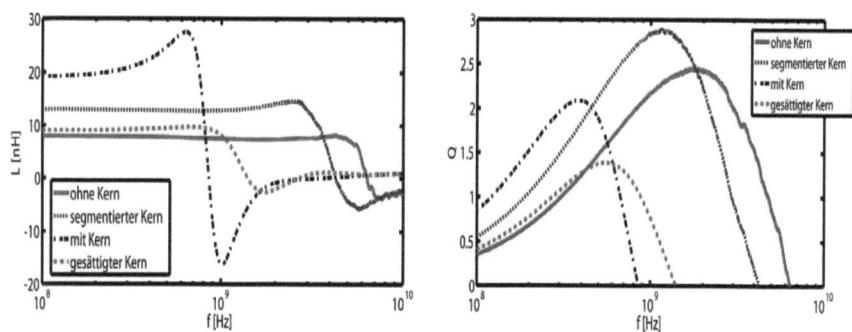

Bild 5.16: Messungen der Torus-Spulen: (links) Induktivität und (rechts) Gütefaktor

Bild 5.16 zeigt Induktivitäten und Gütefaktoren von vier baugleichen Torus-Spulen. Abgesehen von kleinen Fertigungstoleranzen unterscheiden sich diese Spulen nur durch die Kernmaterialien bzw. die Strukturierung des Kerns. Die Unterschiede sind:

- „Kern": Spule ohne magnetisches Kernmaterial,
- „segmentierter Kern": Spule mit segmentiertem Kern (FeCoBSi),
- „mit Kern": Spule mit Kern (FeCoBSi),
- „gesättigter Kern": Spule mit Kern (FeCoBSi), welcher mit einem ausreichend starken magnetischen Feld gesättigt wurde ($\mu \approx 1$).

Die gemessenen charakteristischen Werte (Tabelle 5.1) bestätigen, dass durch die Segmentierung eine Reduzierung der Induktivität und eine gleichzeitige Erhöhung der Eigenresonanzfrequenz und des Gütefaktors erreicht werden.

	$L_{DC}[nH]$	$f_{res}[GHz]$	Q_{max}
L3 75, ohne Kern	8	6	2.5
L3 75, segmentierter FeCoBSi-Kern	13,5	4	2.9
L3 75, FeCoBSi	19	0.9	2.1
L3 75, gesättigter FeCoBSi-Kern	9	1.5	1.4

Tabelle 5.1: Charakteristische Werte der Torus-Spulen mit verschiedenen magnetischen Kernmaterialien

Neben der gezeigten radialen Strukturierung wurden noch weitere Strukturierungsmöglichkeiten wie zirkuläre Spalte oder Spalte direkt unter dem Leiter simuliert. Allerdings sind die Ergebnisse bezüglich Induktivität, Resonanz und Güte nicht besser als die der radialen Spalte.

Damit ist die Segmentierung des Kerns eine Möglichkeit, die Bandbreite und die Güte der Torus-Spulen zu erhöhen. Die genaue Anzahl der Spalte muss je nach benötigter Induktivität und Arbeitsfrequenzbereich bestimmt werden. Ihre minimale Breite wird durch den Strukturierungsprozess bestimmt, muss aber aus den obengenannten Gründen so klein wie möglich sein.

5.1.6 Optimierung einer Torus-Spule

Bei der Optimierung sind neben der Spulengeometrie das Kernmaterial und dessen Strukturierung entscheidend. Beim Kernmaterial müssen das komplexe Permeabilitätsspektrum und die Leitfähigkeit berücksichtigt werden. Die Optimierung besteht im Wesentlichen darin, die Spule optimal an den Kern anzupassen, so dass die gewünschte Induktivität erreicht wird und die Eigenresonanzfrequenz ausreichend weit über der ferromagnetischen Resonanzfrequenz liegt, damit eine maximale Güte erzielt wird.

Eine Entwurfsstrategie, um den optimalen Spulenentwurf zu finden, soll nun exemplarisch präsentiert werden. Zunächst müssen die Anforderungen definiert werden, unter denen das Optimum bestimmt werden soll. Diese werden einerseits vom Herstellungsprozess und andererseits vom Kernmaterial bestimmt. In dem hier betrachteten Fall werden folgende durch die Prozesstechnik definierte Randbedingungen angenommen: maximale Grundfläche von 1 mm^2, maximale Leiterhöhe von 14 µm, minimale Strukturbreite von 9 µm, minimaler Abstand zwischen Kern und Leiter von 1 µm und eine maximale Gesamthöhe von 60 µm. Weitere Anforderungen lassen sich aus dem Permeabilitätsspektrum (Bild 5.17) des magnetischen Materials ableiten, welches als Kern eingesetzt werden soll.

5.1 Die Torus-Spule

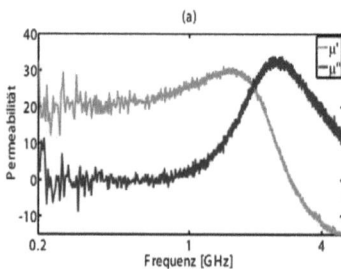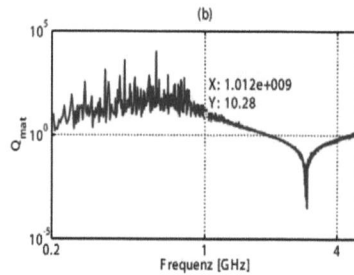

Bild 5.17: Gemessenes Permeabilitätsspektrum (a) und der berechnete Gütefaktor des Materials (b) des magnetischen Kernmaterials (magnetische Partikel (FeNi) eingebettet in eine nicht magnetische Matrix; gesamte Filmdicke 1 um)

Weitere Anforderungen resultieren aus der komplexen effektiven frequenzabhängigen Permeabilität (Bild 5.17 (a)), aus der sich der Gütefaktor Q_{mat} des Materials gemäß:

$$Q_{mat} = \frac{\mu'}{\mu''} \quad (5.19)$$

ergibt, wie in Bild 5.17 (b) dargestellt. Die Güte des Materials Q_{mat} ist eine entscheidende Größe, da durch sie die maximal erreichbare Güte Q_T der Torus-Spule limitiert ist. Um das Permeabilitätsspektrum in einem Feldsimulator effizient einzusetzen, muss das Rauschen minimiert werden; um dies zu erreichen, wurden die gemessenen Daten mittels eines Savitzky-Golay-Algorithmus [22 S. 386] geglättet.

Eine zweite Einschränkung folgt aus der ferromagnetischen Resonanzfrequenz von ca. 2.9 GHz, aus der sich die obere Grenzfrequenz der zu optimierenden Spule ergibt. Es wird weiter angenommen, dass sich eine maximale Kernhöhe von 5 µm erreichen lässt und die Leitfähigkeit nahe null ist.

Die letzte, aber entscheidende Einschränkung der Realisierungsmöglichkeit folgt aus der zu realisierende Induktivität. Hier ist das Ziel, eine 15 nH Spule bei maximalem Gütefaktor Q_T zu entwerfen. Dieser Induktivitätswert wurde gewählt, da er in vielen HF-Schaltungen einsetzbar ist (nicht nur als Drossel) und sich noch eine sehr gute Induktivität pro Fläche erzielen lässt.

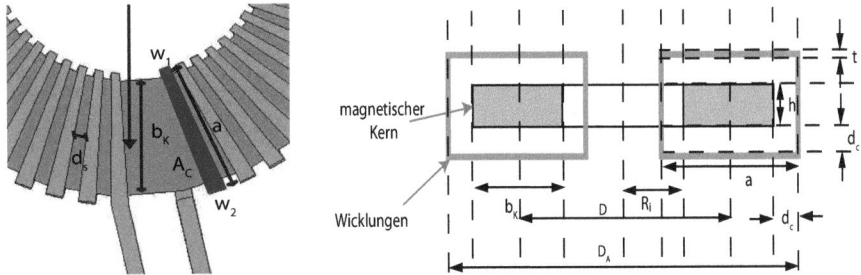

Bild 5.18: Torus-Parameter (Aufsicht und Querschnitt)

Mit den Ergebnissen des Kap. 5.1.6 und unter den oben genannten Randbedingungen folgen die Torus-Parameter (Bild 5.18) als:

- $D_A = 1$ mm (maximal möglicher Außendurchmesser);
- $h = 5$ µm (immer so groß wie möglich, damit die Wirkung des Kerns maximal wird);
- $d_c = 1$ µm (so klein wie herstellbar, um maximalen Füllfaktor der Torus-Spule zu erreichen);
- $t = 14$ µm (so groß wie realisierbar, um minimalen Leitungswiderstand zu erhalten);
- $w_1 = 9$ µm; $w_2 = 9$ µm; so klein wie möglich; siehe Ergebnisse Kap.5.1.4.

Unter der Voraussetzung, dass N=15 sei, ergeben sich die weiteren initialen Torus-Parameter aus dem Ersatzschaltbild (Bild 5.3) und den zugehörigen Gleichungen ((5.7) bis (5.18)) als:
$a = 0{,}416$ mm; $b_K = 0{,}4$ mm; $d_s = 110$ µm; $R_i = 0{,}1$ mm.

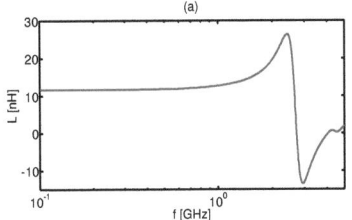
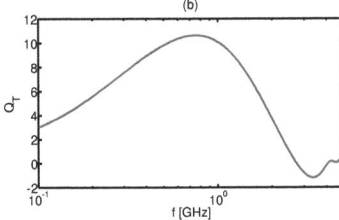

Bild 5.19: Simulationsergebnisse des initialen Entwurfes: Induktivität (a) und Gütefaktor (b)

Die Simulation des initialen Entwurfes ergibt eine Induktivität L_{DC} von 11 nH, eine maximale Güte Q_{max} von 11 und eine Eigenresonanzfrequenz von 2,7 GHz.

Um die Induktivität unter den obigen Randbedingungen auf 15 nH zu erhöhen, gibt es folgende Möglichkeiten:

- Anzahl der Wicklungen erhöhen,
- Kernbreite erhöhen.

Um die Zielinduktivität von 15 nH bei maximaler Güte zu erreichen, ist eine Optimierung zwingend erforderlich, da das Lösen der Gleichungen, resultierend aus dem ESB (Bild 5.3), unter Berücksichtigung des Permeabilitätsspektrums kein triviales Problem ist. Hier wird die Optimierung numerisch mit Hilfe des Feldsimulators HFSS durchgeführt. Optimiert werden die Spulen mit zwei numerischen Verfahren: mit sequentiellen nicht linearen Programmieren[5] und mit genetischen Algorithmen[6]. Beide Optimierungsalgorithmen sind in HFSS implementiert. Dabei werden die gemessenen Kerngrößen, wie Permeabilität und Leitfähigkeit, als frequenzabhängige Datensätze eingebunden.

Die folgenden Parameter werden in die Optimierung mit einbezogen:

- D_A,
- w_1,
- w_2,
- N,
- b_K.

Alle weiteren Parameter werden nicht variiert.

Die Brechungen wurden auf einer Workstation mit zwei Intel-Quad-Core-Xeon-E5540/2.53-GHz-Prozessoren und 32 GB Arbeitsspeicher durchgeführt. Bei diesem Optimierungsproblem konvergierte der sequentielle nicht lineare Programmierungs-Algorithmus nach 285 Iterationsschritten; die Optimierung mit Hilfe der genetischen Algorithmen wurde nach 500 Iterationsschritten abgebrochen, da keine Konvergenz erkennbar war. Aus den 285 Iterationsschritten ergibt sich eine Gesamtrechenzeit von 95 Stunden. Die optimierten Torus-Parameter sind: N = 30; b_K = 238 µm; w1 = 14 µm; w2 = 25 µm; D_A = 1 mm.

Die Induktivität und der Gütefaktor der optimierten Spule sind in Bild 5.20 dargestellt.

---

[5] Sequentielles nicht lineares Programmieren, engl.: Sequential Non-linear Programming.

[6] Genetische Algorithmen, engl.: Genetic Algorithm.

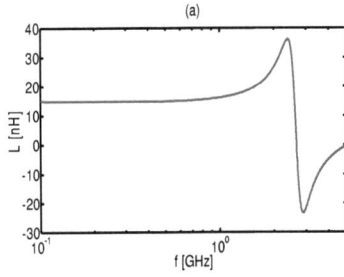 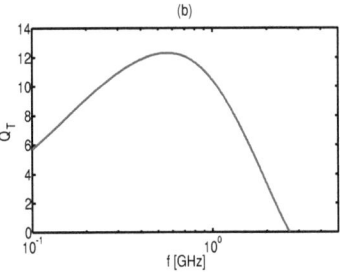

Bild 5.20: Simulationsergebnisse des optimierten Entwurfes: Induktivität (a) und Gütefaktor (b)

Für den optimierten Entwurf ergibt sich eine Induktivität L_{DC} von 15 nH, eine maximale Güte Q_{max} von 12 und eine Eigenresonanzfrequenz von 2,7 GHz. Es wurde nicht nur die maximale Güte erhöht, sondern die Güte wurde breitbandig verbessert. Beispielsweise bei 100 MHz verdoppelte sich die Güte fast von 3 auf 5,9. Diese Verbesserung beruht auf der Optimierung des Wicklungswiderstands R_t.

Unter den gegebenen Randbedingungen wurde simulatorisch mit Hilfe der Optimierung die Sollinduktivität von 15 nH bei maximaler Güte erreicht. Höhere Güte lässt sich nur unter anderen Randbedingungen erzielen.

5.2 Baluns

Gegenstand des nächsten Kapitels ist die Untersuchung und Entwicklung integrierter Baluns[7], die in der Literatur auch als Symmetrietransformatoren bezeichnet werden. Sie wandeln erdunsymmetrische in erdsymmetrische Signale um und umgekehrt. Zusätzlich kann auch eine Impedanztransformation zwischen Eingang und Ausgang stattfinden. Anwendungen existieren in zahlreichen Bereichen, z. B. bei der differenziellen Signalübertragung, der Ansteuerung von Gegentaktverstärkern und in der Antennentechnik.

Durch den Einsatz magnetischer Nanokompositmaterialien als Kern können diese kompakten Baluns im MHz- bis GHz-Bereich eingesetzt werden, was bisher mit konventionellen magnetischen Kernen aufgrund von Wirbelströmen nicht möglich war. Weiter bietet das integrierte Balun auch die Möglichkeit, dass es direkt in einem Gegentaktverstärkergehäuse untergebracht werden kann, so dass durch sehr kurze Leitungswege eine optimal angepasste und störsichere Verbindung zwischen Verstärker und Balun hergestellt wird.

In diesem Kapitel werden Baluns in Dünnfilmtechnik theoretisch betrachtet und simulatorisch entworfen werden. Dies ist zulässig, da die Funktion der Technologie in Kap. 5.1 hinreichend gezeigt wurde. Ziel ist es, eine möglichst hohe Bandbreite zu realisieren.

---

[7] Bedeutung: balanced to unbalanced

5.2 Baluns

Dabei liegt der Schwerpunkt dieser Untersuchung auf der Vergrößerung der Bandbreite bei niedrigen Frequenzen (MHz-Bereich), da bei hohen Frequenzen in Mikro-Streifenleitertechnik entwickelte Baluns eingesetzt werden.

5.2.1 Grundlagen

5.2.1.1 Wellenwiderstand einer Leitung

Das entwickelte Balun ist ein Leitungstransformator. Somit ist der frequenzabhängige Wellenwiderstand der eingesetzten Leitung entscheidend für die Funktion. Dieses Kapitel fasst die für die Entwicklung des Baluns wichtigsten Eigenschaften einer Leitung zusammen.

Der Wellenwiderstand einer Leitung berechnet sich mit [12 S. C 19]:

$$Z = \sqrt{\frac{R' + j\omega L'}{G' + j\omega C'}}. \quad (5.20)$$

Dabei ist R' der Widerstandsbelag, L' der Induktivitätsbelag, C' der Kapazitätsbelag und G' der Leitwertsbelag der Leitung.

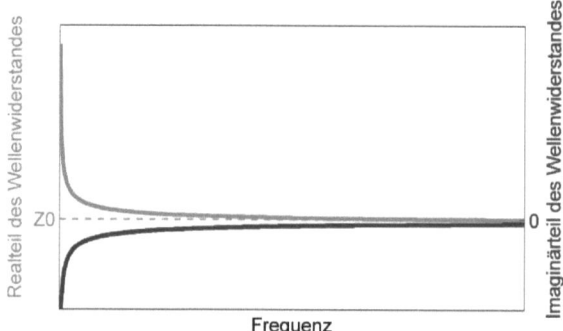

Bild 5.21: Frequenzverlauf von Real- und Imaginärteil des Wellenwiderstandes einer Zweidrahtleitung

In Bild 5.21 wird der typische Verlauf des Wellenwiderstandes einer Leitung über der Frequenz dargestellt. Bei höheren Frequenzen ist im Zähler R' gegenüber dem viel größeren jωL' vernachlässigbar. Das Gleiche gilt für G' und jωC'. Für Z gilt dann:

$$Z = \sqrt{\frac{j\omega L'}{j\omega C'}} = \sqrt{\frac{L'}{C'}} = Z_0; \quad (5.21)$$

daraus folgt, dass $Z = Z_0$ reell, konstant und frequenzunabhängig ist. Bei $\omega = 0$ ist Z ebenfalls reell und wird zu:

$$Z = \sqrt{\frac{R'}{G'}}. \tag{5.22}$$

Dazwischen liegt ein Bereich, in dem L' und G' vernachlässigt werden können, was einen Wellenwiderstand von:

$$Z = \sqrt{\frac{R'}{j\omega C'}} = \sqrt{\frac{R'}{\omega C'}} \left(\frac{1}{\sqrt{2}} - j\frac{1}{\sqrt{2}} \right) \tag{5.23}$$

ergibt. Also steigt der Realteil des Wellenwiderstandes mit sinkender Frequenz und nähert sich dem für den Fall $\omega = 0$ angeführten Wert an.

Die Leitungsbeläge berechnen sich unter anderem aus den geometrischen Abmessungen der Leitung, die im Rahmen dieser Arbeit eine wichtige Rolle spielen. Da die Baluns in Dünnfilmtechnik hergestellt werden sollen, sind die Abmessungen der Leitungen sehr klein (µm-Bereich), was zu geringen Kapazitätsbelägen führt. Dies hat zur Folge, dass der Bereich des konstanten Wellenwiderstand Z_0 erst bei höheren Frequenzen beginnt, als es bei einer Leitung desselben Wellenwiderstandes bei größeren Kapazitätsbelägen der Fall wäre. Aus Gl. (5.23) folgt, dass, um den Wellenwiderstand bis zu niedrigen Frequenzen einigermaßen konstant zu halten, große Kapazitätsbeläge nötig sind. Allerdings senkt die Vergrößerung des Kapazitätsbelags den Wellenwiderstand auch bei hohen Frequenzen Gl.(5.21). Um den ursprünglichen Wellenwiderstand beizubehalten, müssen größere Induktivitätsbeläge erreicht werden. Es wird eine Leitung benötigt, deren Bereich mit konstantem Wellenwiderstand schon bei niedrigen Frequenzen anfängt. Die Auswirkungen eines abweichenden Wellenwiderstands auf die Funktion des Baluns werden in Kapitel 5.2.2.1 diskutiert.

5.2.1.2 Theoretische Betrachtung des Baluns

Bei der unsymmetrischen Signalübertragung wird das Nutzsignal S(t) zwischen Masse und Signalleiter übertragen. Wenn bei langen Übertragungsstrecken Störsignale von außen einwirken, überlagern sich diese mit dem Nutzsignal, so dass das Signal-Rausch-Verhältnis sinkt. Wenn Sender und Empfänger nicht das gleiche Bezugspotenzial haben, entstehen dadurch zusätzliche Störungen, die das Signal-Rausch-Verhältnis nochmals mindern.

Durch eine differentielle Signalübertragung kann der Einfluss der Störsignale minimiert werden, so dass sich das Signal-Rausch-Verhältnis verbessert. Bei der differenziellen Signalübertragung wird vom Sender zusätzlich zum Nutzsignal S(t) ein weiteres Signal S⁻(t) generiert, und zwar mit der Beziehung $S^-(t) = S(t)e^{-j180°}$. Es entsteht ein symmetrisches Signal aus dem Nutzsignal und dem negierten Nutzsignal, das zwischen zwei Signalleitern und der Masse übertragen wird. Wenn ein Störsignal R(t) auf beide Signalleiter gleichmäßig einwirkt, dann folgen am Empfänger die Signale

5.2 Baluns

E(t) = S(t) + R(t) und E⁻(t) = S⁻(t) + R(t). Der Empfänger bildet die Differenz beider Signale E(t)-E⁻(t) = S(t) + R(t) - (S⁻(t) + R(t)) = S(t) - S⁻(t) = S(t) - S(t)e$^{-j180°}$ = 2 S(t). Also ist nach der Differenzbildung nur das Nutzsignal mit doppelter Amplitude vorhanden. Gleichtakt-Störungen haben also keinen Einfluss auf das Signal-Rausch-Verhältnis des Empfangssignals. Es ist auch möglich, die Masseverbindung wegzulassen, da die Information in der Differenz der Signale enthalten ist, womit das Ändern des Bezugspotenzials das Signal-Rausch-Verhältnis nicht beeinflusst.

Bei einem aus zwei Signalleitern und einem Masseleiter bestehenden symmetrischen Übertragungssystem breiten sich zwei Moden aus: die Gegentaktmode, die sich zwischen den Signalleitern ausbreitet, und die Gleichtaktmode, die sich jeweils zwischen einem Signalleiter und der Masse ausbreitet [35]. Demnach enthält die Gegentaktmode das Nutzsignal S(t) und die Gleichtaktmode das Störsignal R(t). Ein Balun muss die Eigenschaft besitzen, die Gegentaktmode vom Eingang zum Ausgang durchzulassen und die Gleichtaktmode zu unterdrücken.

Eine andere Einsatzmöglichkeit des Baluns ist die als Mantelwellensperre. Wenn eine symmetrische Antenne an eine unsymmetrische Speisung (Koaxkabel) angeschlossen wird, können Mantelwellen angeregt werden.

Beispielsweise weist eine Dipolantenne als symmetrisches Bezugspotenzial die Erde auf. Bei direktem Anschluss dieses Dipols an eine unsymmetrische speisende Koaxialleitung ist deren geerdetes Bezugspotenzial (Außenleiter) an eine Dipolhälfte angeschlossen; somit ist die Erde nicht mehr das Bezugspotenzial der Antenne. Es können Gleichtaktströme fließen, welche die Effizienz eines Senders mindern. Der Einsatz eines Baluns beim Anschluss der Dipolantenne an ein Koaxialkabel verhindert den Fluss von Gleichtaktströmen und somit die Ausbreitung von Mantelwellen.

Grundsätzlich gibt es zwei Varianten von Baluns: Zum einen können Baluns als konventionelle (flussgekoppelte) Transformatoren z. B. mit Mittelanzapfung aufgebaut werden z. B.[36]. Dieser Aufbau ist in Bild 5.22 gezeigt.

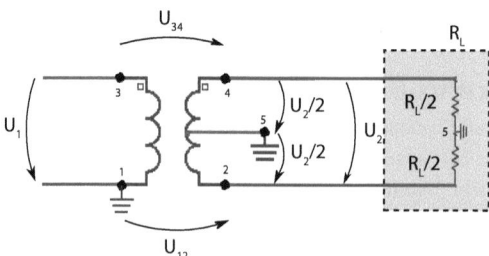

Bild 5.22: Konventionelles Balun

Die Funktion eines Transformators als Balun kann wie folgt erklärt werden: Durch die Primärwindung fließt ein Strom, der ein magnetisches Feld um die Primärwindung aufbaut. Dieses magnetische Feld induziert in der Sekundärwindung eine Spannung U_2, die sich gegenüber dem Knoten 5 (Mittelanzapfung) symmetrisch auf die Knoten 2 und 4 zu $\pm U_2/2$ aufteilt. Die

Spannungen am Ausgang sind somit symmetrisch gegenüber Masse. Das Impedanztransformationsverhältnis kann durch das Verhältnis der Anzahl der Sekundärwindungen zu der Anzahl der Primärwindungen beeinflusst werden.

Da der konventionelle Transformator den Eingang (U_1) von dem Ausgang (U_2) galvanisch trennt, können vom Knoten 3 zu den Knoten 2 und 4 keine direkten Ströme fließen; die Gleichtaktströme werden somit unterdrückt. Das konventionell aufgebaute Balun eignet sich eher für den niedrigen Frequenzbereich, da mit steigender Frequenz die Energieübertragung von der Primär- zu der Sekundärwicklung schlechter wird. Die Ursache hierfür ist, dass bei hohen Frequenzen die induktive Kopplung der beiden Spulen abnimmt, da deren frequenzabhängige Streuinduktivitäten eine hohe Reaktanz aufweisen.

Zum anderen kann ein Balun als Leitungstransformator dadurch realisiert werden, dass die Energie zwischen Eingang und Ausgang nicht durch magnetische Kopplung, sondern mit transversal elektromagnetischen Wellen, auf Leitungen mit dem Wellenwiderstand Z_0 übertragen wird. Wie in Bild 5.23 dargestellt, können die Leitungen zu Spulen gewickelt werden, um mit dadurch erhaltenen Sperrinduktivitäten die Gleichtaktströme stärker zu unterdrücken. Durch das Wickeln um einen magnetischen Kern kann die Sperrinduktivität noch weiter erhöht werden [37 S. 1-5].

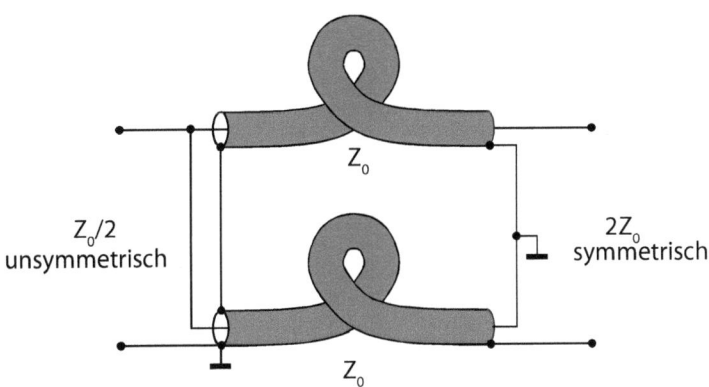

Bild 5.23: Balun als Leitungstransformator (Guanella-Balun)

Im Folgenden wird ausschließlich die Realisierung von Baluns als Leitungstransformator (Guanella-Baluns) diskutiert, da die zu entwerfenden Komponenten breitbandig ab dem MHz-Bereich bis in den GHz-Bereich eingesetzt werden sollen. Weiter werden die zum Aufbau benötigten Leitungen mit Hilfe der Dünnfilmtechnologie realisiert.

5.2.1.3 Ideales Guanella-Balun

An dieser Stelle soll das Guanella-Balun mit einer Spannungstransformation von 1:2 bzw. einer Impedanztransformation von 1:4 (im Folgenden 1:4-Balun) genauer untersucht werden. Man erhält ein 1:4-Balun, indem zwei 1:1-Baluns zusammengeschaltet werden (siehe Bild 5.23). Auf der unsymmetrischen Seite werden die Leitungen, wie in Bild 5.23 abgebildet, parallel und auf der sym-

5.2 Baluns

metrischen Seite in Reihe zusammengeschaltet. Das aus dieser Schaltung resultierende Ersatzschaltbild ist in Bild 5.24 dargestellt.

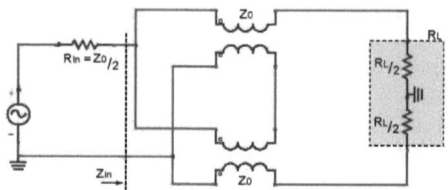

Bild 5.24: Ersatzschaltbild eines Guanella-Baluns

Betrachtet wird zuerst der ideale Fall, d. h., die gewickelten Leitungen isolieren den Ausgang perfekt vom Eingang. Die Spannung an der Last setzt sich zu gleichen Teilen aus den beiden Teilspannungen der einzelnen 1:1-Baluns zusammen. Somit ist die Spannung an der Last doppelt so groß wie die Eingangsspannung. Eine Spannungstransformation von 1:2 entspricht einer Impedanztransformation von 1:4, da die Eingangsleistung gleich der Ausgangsleistung sein muss. Für eine reflexionsfreie Anpassung der Last muss die Ausgangsimpedanz des 1:4-Baluns R_L betragen. Demzufolge gilt für die Leitungswiderstände $Z_0 = 1/2\ R_L$. Die Eingangsimpedanz Z_{in} des 1:4-Baluns berechnet sich somit zu:

$$Z_{in} = \left(Z_0 \frac{\frac{R_L}{2} + jZ_0 \tan\beta l}{Z_0 + j\frac{R_L}{2}\tan\beta l} \right) \Big\| \left(Z_0 \frac{\frac{R_L}{2} + jZ_0 \tan\beta l}{Z_0 + j\frac{R_L}{2}\tan\beta l} \right)$$

$$\Rightarrow Z_{in} = \frac{Z_0}{2} \left(\frac{\frac{R_L}{2} + jZ_0 \tan\beta l}{Z_0 + j\frac{R_L}{2}\tan\beta l} \right) \quad (5.24)$$

$$\Rightarrow Z_{in} = \frac{R_L}{4} \left(\frac{\frac{R_L}{2} + j\frac{R_L}{2}\tan\beta l}{\frac{R_L}{2} + j\frac{R_L}{2}\tan\beta l} \right)$$

$$\Rightarrow Z_{in} = \frac{R_L}{4}.$$

Es ist zu erkennen, dass bei einem idealen 1:4-Balun keine Begrenzung in der Bandbreite für Frequenzen größer 0 besteht, da Eingangs- und Ausgangsimpedanz frequenzunabhängig sind.

5.2.2 Theoretische Untersuchung eines realen Guanella-Baluns

5.2.2.1 Abweichung der Soll-Impedanz

Wie in Kapitel 5.2.1.1 beschrieben, steigt der Realteil des Wellenwiderstandes einer Leitung bei niedrigen Frequenzen an. Zusätzlich bildet sich ein Imaginärteil aus. Dies führt zu einer Fehlanpassung und limitiert damit die Bandbreite des Baluns.

Der Eingangsreflexionsfaktor S_{11} eines Baluns an einer Quelle mit der Impedanz Z_q kann mit der folgenden Beziehung beschrieben werden:

$$S_{11} = \frac{Z_{in} - Z_q}{Z_{in} + Z_q} = \frac{(Z_q + \Delta Z) - Z_q}{(Z_q + \Delta Z) + Z_q} = \frac{\Delta Z}{2Z_q + \Delta Z}; \quad (5.25)$$

dabei ist Z_q die Impedanz der Quelle, Z_{in} die Eingangsimpedanz des Baluns und ΔZ die Abweichung der Eingangsimpedanz des Baluns vom Sollwert Z_q. Die relative Abweichung ΔpZ der Impedanz des Baluns von dem erwünschten Wert Z_q folgt als:

$$\Delta pZ = \frac{\Delta Z}{Z_q} = \frac{Z_{in} - Z_q}{Z_q} = \frac{Z_{in}}{Z_q} - 1. \quad (5.26)$$

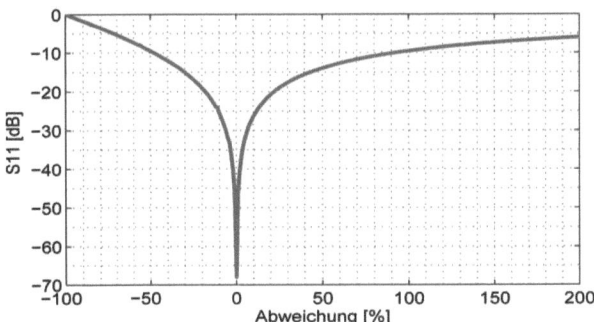

Bild 5.25: Anpassung bei Abweichung von der Soll-Impedanz

Aus der Abweichung der Eingangsimpedanz ergibt sich der Eingangsreflexionsfaktor:

5.2 Baluns

$$S_{11} = \frac{(Z_q + \Delta pZ \cdot Z_q) - Z_q}{(Z_q + \Delta pZ \cdot Z_q) + Z_q} = \frac{\Delta pZ}{\Delta pZ + 2},\qquad(5.27)$$

der grafisch in Bild 5.25 dargestellt ist.

Da der Wellenwiderstand einer Leitung bei tieferen Frequenzen zunimmt, ist für die folgende Betrachtung nur der positive Teil (der Abweichung) der in Bild 5.25 dargestellten Kurve von Interesse. Um eine Eingangsanpassung von 10 dB eines perfekt isolierten Baluns zu gewährleisten, darf seine Eingangsimpedanz nicht über 100 % der Quellenimpedanz ansteigen. Der steigende Wellenwiderstand der Leitung wirkt sich mehrfach auf die Eingangsimpedanz des Baluns aus, da die optimale Anpassung der Last am Ausgang des Baluns bei steigendem Wellenwiderstand ebenfalls nicht mehr gegeben ist.

5.2.2.2 Abweichung des Wellenwiderstands

Die Eingangsimpedanz des 1:4-Guanella-Baluns wurde in Kapitel 5.2.1.3 für eine Leitung mit konstantem Wellenwiderstand hergeleitet. Ein hiervon abweichender reeller Wellenwiderstand lässt sich darstellen als:

$$Z_0 = R_L/2 + \Delta Z_L,\qquad(5.28)$$

mit ΔZ_L der Abweichung der Leitungsimpedanz von der perfekt an den Ausgang des Baluns angepassten Last. ΔZ_L lässt sich auch relativ darstellen als ΔpZ_L:

$$\Delta pZ_L = \frac{\Delta Z_L}{R_L/2} = \frac{Z_0 - R_L/2}{R_L/2} = \frac{Z_0}{R_L/2} - 1.\qquad(5.29)$$

Damit ergibt sich die Eingangsimpedanz des Baluns für einen beliebigen Wellenwiderstand der Leitung zu:

5 Hochfrequenzbauteile mit weichmagnetischen Kernen

$$Z_{in} = \frac{Z_0}{2}\left(\frac{\frac{R_L}{2} + jZ_0 \tan\beta l}{Z_0 + j\frac{R_L}{2}\tan\beta l}\right)$$

$$\Leftrightarrow Z_{in} = \frac{Z_0}{2}\left(\frac{\frac{R_L}{2} + j\frac{R_L}{2}\tan\beta l + j\Delta Z_L \tan\beta l}{\frac{R_L}{2} + \Delta Z_L + j\frac{R_L}{2}\tan\beta l}\right) \quad (5.30)$$

$$\Leftrightarrow Z_{in} = R_L \frac{1+\Delta pZ_L}{4}\left(\frac{1+j\tan\beta l + j\Delta pZ_L \tan\beta l}{1+\Delta pZ_L + j\tan\beta l}\right)$$

$$\Leftrightarrow Z_{in} = R_L \frac{1+\Delta pZ_L}{4}\left(1 - \Delta pZ_L \frac{1-j\tan\beta l}{1+\Delta pZ_L + j\tan\beta l}\right).$$

Weiter gilt auch:

$$Z_{in} = Z_q + \Delta Z = Z_q(1+\Delta pZ). \quad (5.31)$$

Ein Koeffizientenvergleich ergibt:

$$Z_q = R_L/4 \quad (5.32)$$

und

$$\Delta pZ = -\Delta pZ_L^2 \frac{1-j\tan\beta l}{1+\Delta pZ_L + j\tan\beta l} + \Delta pZ_L\left(1 - \frac{1-j\tan\beta l}{1+\Delta pZ_L + j\tan\beta l}\right). \quad (5.33)$$

Wenn das neu errechnete ΔpZ in Gleichung 5.33 mit $\beta l = \pi$ eingesetzt wird, erhält man die in Bild 5.26 dargestellte Beziehung zwischen dem Eingangsreflexionsfaktor des Baluns an der Quelle und der prozentualen Abweichung des Wellenwiderstandes von dem Nominalwert $R_L/2$.

Daraus folgt, dass eine untere Grenzfrequenz in Abhängigkeit von der Leitungsimpedanz für das Balun angegeben werden kann.

5.2 Baluns

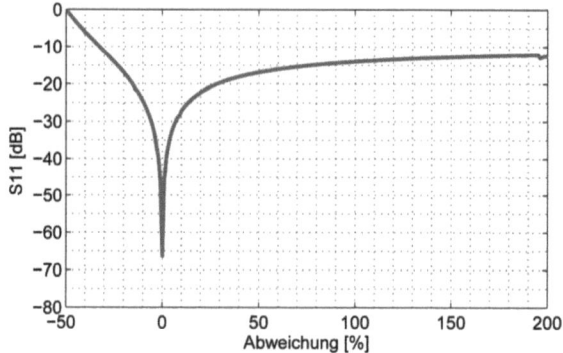

Bild 5.26: Anpassung in Abhängigkeit von der Abweichung der Leitungsimpedanz

Aus der in Gl. (5.30) beschriebenen Herleitung ergibt sich eine untere Grenzfrequenz des Baluns für den Fall, dass die Isolation des Baluns perfekt ist und der Wellenwiderstand der Leitung, aus der das Balun aufgebaut ist, bei tieferen Frequenzen, wie in Kap. 5.2.1.1 beschrieben, steigt.

5.2.2.3 Isolation zwischen Ein- und Ausgang

Nun wird der Fall betrachtet, bei dem die Anordnung aus Bild 5.24 keine Isolation zwischen Eingang und Ausgang bietet. Es fließen sowohl Gegentaktströme als auch Gleichtaktströme durch die Wicklungen. Die Wicklungen des Baluns vereinfachen sich somit zu einfachen Leitungsstücken einer bestimmten Länge. Zur Quelle mit Innenwiderstand $R_L/2$ ist eine kurzgeschlossenen Leitung der Länge l parallel geschaltet. Das zugehörige Ersatzschaltbild wird in Bild 5.27 gezeigt.

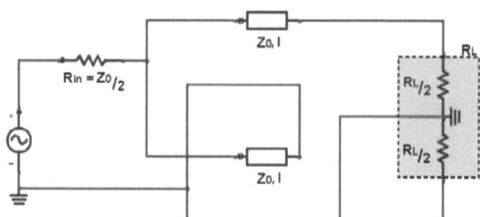

Bild 5.27: Ersatzschaltbild eines Baluns mit nicht isolierenden Wicklungen, gültig für hohe Frequenzen

Die parallel zur Quelle in R_{in} geschaltete Leitung weist Serienresonanzen auf, wenn die Leitungslänge l gleich einem Vielfachen der halben Wellenlänge ist.

5.2.2.4 Isolation bei niedrigen Frequenzen

Zu beachten ist die Tatsache, dass die gezeigte Abhängigkeit der unteren Grenzfrequenz (Kap. 5.2.2.2) nur bei einer ausreichend langen Leitung Gültigkeit hat. Bei geometrischen Längen, die viel kleiner sind als die elektrische Länge der Leitung, ist diese Abhängigkeit nicht mehr relevant, da die Leitungseigenschaften keine Auswirkungen auf die Welle haben. Stattdessen kann dieses kurze Stück Leitung als eine Induktivität mit der Impedanz jωL betrachtet werden [38]. Dieses Verhalten wird in dem in Bild 5.28 dargestellten Ersatzschaltbild berücksichtigt.

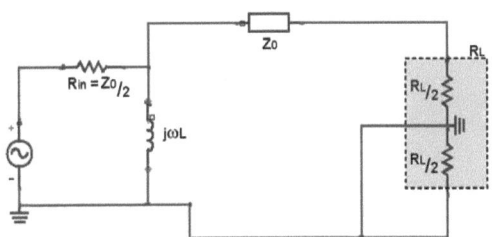

Bild 5.28: Ersatzschaltbild eines Baluns mit nicht isolierenden Wicklungen, gültig für niedrige Frequenzen

Da jetzt die Induktivität L parallel zur Quelle liegt, verschiebt sich die untere Grenzfrequenz, abhängig von der Induktivität, nach oben. Je kleiner L, desto höher ist die untere Grenzfrequenz, da für niedrige Frequenzen die Impedanz der Induktivität sehr klein ist und sich ähnlich eines Kurzschlusses am Eingang verhält.

5.2.2.5 Reales Guanella-Balun

Ein reales Balun mit genügend Wicklungen weist ein Verhalten auf welches zwischen perfekt isolierendem und nicht isolierendem Balun liegt. Es ist sowohl eine untere Grenzfrequenz vorhanden, die von dem Verlauf des Wellenwiderstandes der Leitung und von der Isolation des Baluns abhängt, als auch eine obere Grenzfrequenz, da das Balun nicht perfekt isoliert. Zusätzlich spielen noch parasitäre Kapazitäten zwischen den einzelnen Windungen eine Rolle. Diese lassen sich als parallel zur Wicklung liegende Bypass-Kapazitäten betrachten, die die Isolation bei höheren Frequenzen verschlechtern und damit die Bandbreite mindern. Zusätzlich muss bei hohen Frequenzen der Skin-Effekt berücksichtigt werden.

Wie am nicht isolierenden Balun gezeigt, ergibt eine kürzere Leitung eine höhere obere Grenzfrequenz. Dagegen ergibt eine längere Leitung eine tiefere untere Grenzfrequenz, da hier die Leitung als eine Induktivität angesehen werden muss. Das Erreichen einer maximalen Bandbreite ist somit ein Optimierungsproblem.

5.2.3 Entwurf der Baluns

Beim Entwurf der Leitungen gelten ähnliche technologische Randbedingungen wie in Kap. 5.1.6. In den folgenden Simulationen und Optimierungen werden folgende durch die Prozesstechnik definierte Randbedingungen angenommen: eine maximale Leiterhöhe h von 14 μm, eine minimale

Strukturbreite von 9 µm, ein minimaler Abstand zwischen Kern und Leiter von 1 µm, eine maximale Gesamthöhe von 100 µm und des Dielektrikum Bisbenzocyclobutene (BCB).

Da sich bei den ersten Voruntersuchungen zeigte, dass bei der Herstellung in Dünnfilmtechnik die Leiterhöhe h ein sehr kritischer Balunparameter ist, wurden die Simulationen und Optimierungen mit einer maximalen Leiterhöhe $h_{max} = 8$ µm durchgeführt, welche sich bei der Erstellung der Torus-Spulen als sehr gut herstellbare und reproduzierbare Größe erwies.

Die Baluns werden parallel für drei in Kap. 5.2.4 vorgestellte Leitungstypen entworfen. Begonnen wird mit der Optimierung der verschiedenen Leitungstypen, mit dem Ziel, die Abweichungen des Wellenwiderstandes vom Soll-Wellenwiderstand zu minimieren. Danach folgt der Entwurf und die Optimierung der Baluns ohne Kern, unter Verwendung der optimierten Leitungen. Diese Baluns werden mit dem Ziel maximaler Bandbreite optimiert. Zuletzt wird der magnetische Kern in die Baluns integriert. Dies wird hier exemplarisch mit geeignetem magnetischem Material simuliert. Die Entwicklungsschritte werden parallel durchgeführt, um eine gute Vergleichbarkeit der verschiedenen Ausführungsformen der Baluns zu gewährleisten.

5.2.4 Leitungstypen

Die hier untersuchten Baluns (1:4) sind mit einer Wicklung oder mehreren Wicklungen aus Leitungen aufgebaut. Folglich hängen die Eigenschaften des Baluns stark vom verwendeten Leitungstyp ab. Weiterhin wirkt sich die in Kapitel 5.2.1.1 beschriebene Abhängigkeit des Leitungswellenwiderstandes von der Frequenz unmittelbar auf das Verhalten des Baluns im niedrigen Frequenzbereich aus. Also müssen die Leitungen so optimiert werden, dass ihre Wellenwiderstände im Arbeitsbereich des Baluns möglichst konstant bleiben. Zuerst werden die drei folgenden Leitungstypen (siehe Bild 5.29) untersucht: (a) die Zweidrahtleitung, (b) die Parallelleitung und (c) die rechteckige Koaxialleitung. Diese Leitungstypen wurden ausgewählt, da sie sich mit Hilfe der Dünnfilmtechnik, wie in [29] beschrieben, herstellen lassen.

Das Ziel des Entwurfs ist, einen möglichst großen Kapazitätsbelag zu erhalten, damit der Wellenwiderstand der Leitung erst bei sehr niedrigen Frequenzen von der Soll-Impedanz Z_{soll} abweicht. Dabei ist die geometrische Anordnung der Leiterstücke ausschlaggebend für den Verlauf des Wellenwiderstandes, da sich dazwischen die magnetischen und die elektrischen Felder aufbauen.

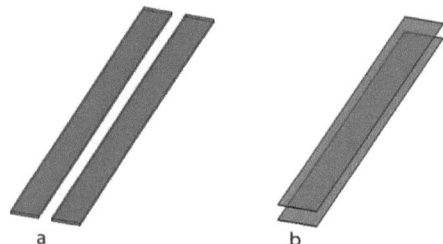

Bild 5.29: Untersuchte Leitungstypen

Je nach Geometrie bringen die verschiedenen Leitungsformen Vorteile oder Nachteile hinsichtlich der gegebenen Anforderungen mit sich. Limitierend für einen hohen Kapazitätsbelag sind die geometrischen Abmessungen der Leitung, die aufgrund des Herstellungsprozesses und des zur Verfügung stehenden Platzes nicht beliebig groß gewählt werden können.

5.2.4.1 Zweidrahtleitung

Die schematische Darstellung einer Zweidrahtleitung ist in Bild 5.30 gezeigt.

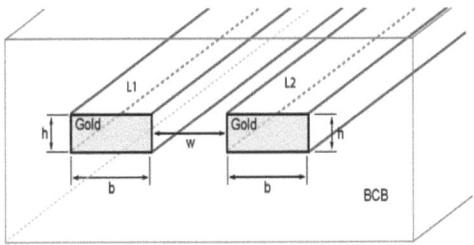

Bild 5.30: Schematische Darstellung einer Zweidrahtleitung

Die Höhe h der Leitung kann nicht beliebig groß realisiert werden. Das elektrische Feld baut sich zwischen den beiden Leitern L1 und L2 auf. Es ist dort am stärksten, wo der Abstand der Leiter am geringsten ist.

5.2.4.2 Optimierung der Zweidrahtleitung

Die Zweidrahtleitung wurde unter den oben genannten Randbedingungen mit dem Feldsimulator HFSS optimiert. Zu optimieren waren die Breite b, die Höhe h und der Abstand w. Ziel war es, den Wellenwiderstand der Leitung von 100 Ω möglichst bis zu niedrigen Frequenzen konstant zu halten, um im Folgenden ein breitbandiges 50:200-Ω-Guanella-Balun zu entwerfen.

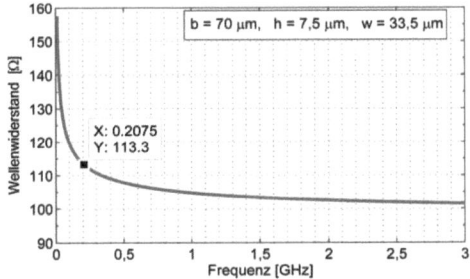

Bild 5.31: Optimierter Wellenwiderstand einer Zweidrahtleitung

Der optimierte frequenzabhängige Wellenwiderstand ist in Bild 5.31 dargestellt. Er weicht schon bei relativ hohen Frequenzen vom Sollwert ab. Zusätzlich nimmt der Wellenwiderstand mit fallenden Frequenzen sehr langsam zu, was eine Abweichung von der erwünschten Impedanz von 100 Ω über einen größeren Frequenzbereich zur Folge hat. Zum Vergleich mit den noch folgenden Leitungstypen wurde die Wellenwiderstandsabweichung bei einer Frequenz von etwa 200 MHz ausgewertet. Sie beträgt bei diesem Leitungstyp 13 Ω (relativ 13 %).

Die optimierte Leitung hat eine Höhe von h = 7,51 µm, eine Breite von b = 70 µm und einen Leiterabstand voneinander von w = 33,51 µm. Bild 5.32 zeigt die räumliche Verteilung des elektrischen und magnetischen Feldes um die Leitung; dabei ist die Leitung mit einem verlustbehafteten Dielektrikum (BCB) umgeben.

Bild 5.32 zeigt, dass das elektrische Feld weit ausgedehnt ist. Seine starke Ausdehnung bringt sowohl Vor- als auch Nachteile mit sich. Das elektrische Feld außerhalb des Dielektrikums ist nicht schwach genug, um vernachlässigt zu werden. Das bedeutet, dass bei einer Änderung der Höhe des Dielektrikums beim Entwurf des Baluns die Leitung neu optimiert werden müsste, wodurch sich die Maße des Baluns ändern könnten. Dadurch ist die Vergleichbarkeit der Entwurfs-Parameter des Baluns (siehe Kap. 5.2.5), wie zum Beispiel der Wicklungsdichte, nicht mehr gegeben, da diese mit der Abmessung der Leitung stark zusammenhängen. Allerdings ist bei nur geringen Änderungen der Höhe des Dielektrikums eine erneute Optimierung nicht zwingend erforderlich, da nur mit einer geringen Wellenwiderstandsabweichung zu rechnen ist.

Weitere Vor- bzw. Nachteile des weit ausgedehnten elektrischen Felds werden in Kapitel 5.2.7 noch genauer betrachtet.

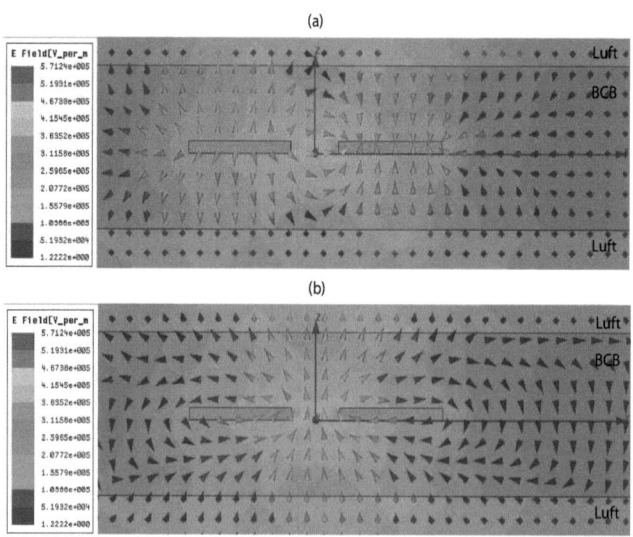

Bild 5.32: Räumliche Verteilung des elektrischen (a) und magnetischen Feldes (b) einer Zweidrahtleitung bei 1 GHz

Der Kapazitätsbelag der Leitung kann gesteigert werden, indem die Flächen, zwischen denen sich das elektrische Feld aufbaut, vergrößert werden. Das elektrische Feld konzentriert sich zwischen den Leitern und ist somit stark von der Höhe h abhängig. Um den Kapazitätsbelag zu vergrößern, sollen beide Seiten des Leiters genutzt werden. Das kann mit einem zusätzlich zu der Zweidrahtleitung eingebrachten Leiter erreicht werden. Eine mögliche Dreidrahtleitung ist in Bild 5.33 dargestellt.

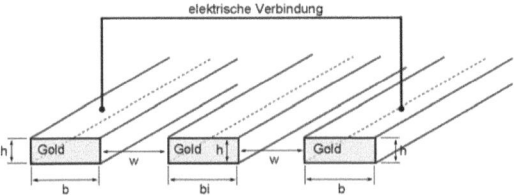

Bild 5.33: Schematische Darstellung einer Dreidrahtleitung

Wegen des höheren Kapazitätsbelags weist der Impedanzverlauf der Dreidrahtleitung bei gleichen Herstellungsparametern im niedrigen Frequenzbereich geringere Abweichungen vom Soll-Wellenwiderstand auf. Bild 5.34 zeigt den Impedanzverlauf einer optimierten Dreidrahtleitung. Die Abweichung des Wellenwiderstandes bei 200 MHz beträgt nur 4 Ω (relativ 4 %).

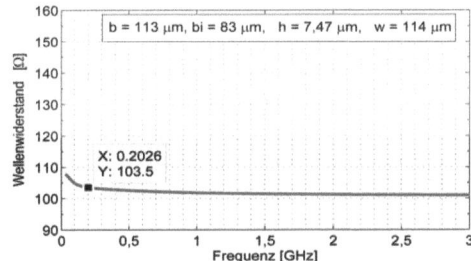

Bild 5.34: Optimierter Wellenwiderstand einer Dreidrahtleitung

Weiter ist es möglich, eine Leitung aus mehr als drei Leitern aufzubauen, um den Kapazitätsbelag noch weiter zu steigern. Diese Mehrleiterleitung besitzt größere Kapazitätsbeläge als eine Zweidraht- oder Dreidrahtleitung. Ein praktisches Problem bei einem solchen Mehrleitersystem ist jedoch die Kontaktierung der einzelnen Leiter gleichen Potenzials. Bei langen Leitungen kann es sich durch äußere Einflüsse sowie geometrische Abweichungen schwierig gestalten, das Potential konstant zu halten. Aufgrund dieser Schwierigkeit sollen im Rahmen der Arbeit Mehrleitersysteme nicht weiter untersucht werden.

5.2.4.3 Parallelleitung

In Bild 5.35 ist eine Parallelleitung dargestellt.

5.2 Baluns

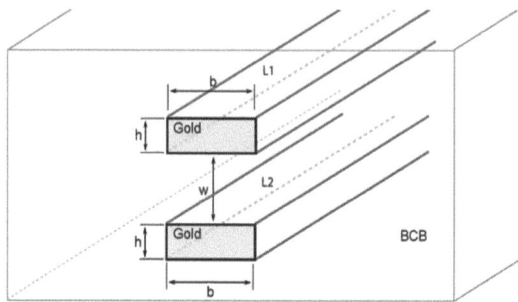

Bild 5.35: Schematische Darstellung einer Parallelleitung

Auch bei diesem Leitungstyp sind die Höhen h der beiden Leiter und deren Abstand w, bedingt durch den Herstellungsprozess, begrenzt. Das elektrische Feld baut sich zwischen den Leitern L1 und L2 auf. Man kann den Querschnitt dieses Leitungstyps näherungsweise als Plattenkondensator betrachten [39 S. 83-84]. Damit ergeben sich folgende Zusammenhänge:

$$L' = \frac{\mu_0 \mu_r w}{b} \text{ und } C' = \frac{\epsilon_0 \epsilon_r b}{w}$$

$$Z = \sqrt{\frac{L'}{C'}} = \frac{w}{b} \sqrt{\frac{\mu_0}{\epsilon_0 \epsilon_r}} \quad . \tag{5.34}$$

Bei dem hier untersuchten Leitungstyp gilt: b>>w, w>>h. Damit konzentriert sich der Großteil des elektrischen Feldes zwischen den Leitern. Der Anteil des elektrischen Feldes außerhalb der Leiter hängt von dem Abstand w ab. Die Plattenkondensatornäherung wird ungenauer, je größer dieser Abstand ist, da das elektrischen Feld mit steigendem Abstand zunehmend inhomogen wird.

Die von einem verlustbehafteten Dielektrikum (BCB) umgebene Parallelleitung wurde mit HFSS wieder mit dem Ziel optimiert, den Wellenwiderstand der Leitung möglichst breitbandig auf 100 Ω zu halten. Die optimierten Maße der Parallelleitung sind: h =2,3 µm, b = 50 µm und w = 47 µm. Bild 5.36 stellt den optimierten Impedanzverlauf der Parallelleitung grafisch dar.

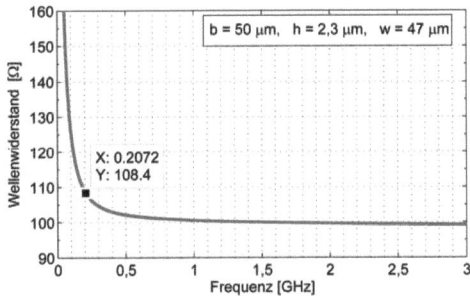

Bild 5.36: Wellenwiderstand der optimierten Parallelleitung

Aufgrund des größeren Kapazitätsbelages, verglichen mit der Zweidrahtleitung, ist die Abweichung des Wellenwiderstandes von 100 Ω bei niedrigen Frequenzen geringer. Bei 200 MHz beträgt sie 8 Ω (relativ 8 %).

Allerdings stimmt die oben gezeigte Plattenkondensatornäherung in der Praxis nicht vollständig mit der Simulation überein, da durch den Abstand der einzelnen Leiter voneinander ein inhomogenes elektrisches Feld erzeugt wird. Die Plattenkondensatornäherung ist aber proportional noch gültig, so dass gilt:

$$Z \propto \frac{w}{b} \quad (5.35)$$

Bild 5.37 zeigt die räumliche Verteilung des elektrischen und magnetischen Feldes um die Leitung.

Es ist in Bild 5.37 (a) zu erkennen, dass sich in der Mitte der Leiter das relativ starke elektrische Feld konzentriert; daraus resultiert ein relativ großer Kapazitätsbelag der Leitung. Da sich der Großteil des Feldes zwischen den Leitern befindet, ist die Höhe des Dielektrikums weniger ausschlaggebend, da das schwache Feld an den Kanten bzw. außerhalb des Dielektrikums vernachlässigbar ist. Weitere Vor- bzw. Nachteile des schwach ausgeprägten elektrischen Feldes außerhalb der Leitung werden in Kapitel 5.2.4.3 genauer behandelt.

Bild 5.37 (b) zeigt die räumliche Ausdehnung des magnetischen Feldes der Parallelleitung. Die größten magnetischen Feldstärken befinden sich konzentriert zwischen den Leitern. Außerhalb der Leiter sind die magnetischen Feldstärken vernachlässigbar.

Die Vorteile bzw. Nachteile dieser Feldverteilung werden in Kapitel 5.2.4.3 im Zusammenhang mit den Balun-Parametern genauer erläutert.

5.2 Baluns

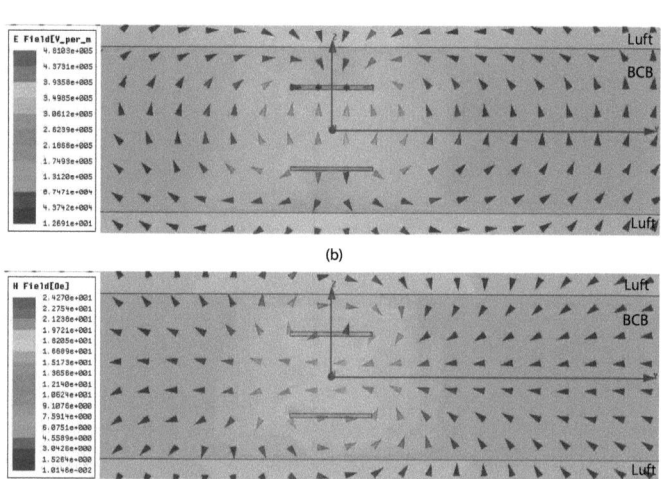

Bild 5.37: Räumliche Verteilung des elektrischen (a) und magnetischen (b) Feldes einer Parallelleitung bei 1 GHz

5.2.4.4 Rechteck-Koaxialleitung

Werden die Erkenntnisse aus Kapitel 5.2.4.1 und Kapitel 5.2.4.3 kombiniert, so ergibt sich ein Mehrleitersystem, in dem alle Außenleiter das gleiche Potenzial besitzen (Bild 5.38 links). Die elektrischen Feldlinien verlaufen vom Innenleiter zu den vier Außenleitern.

Wenn man die Breite des oberen und unteren Leiters vergrößert und die Höhe des linken und rechten Leiters erhöht, erhält man eine Rechteck-Koaxialleitung, dargestellt in Bild 5.38 rechts.

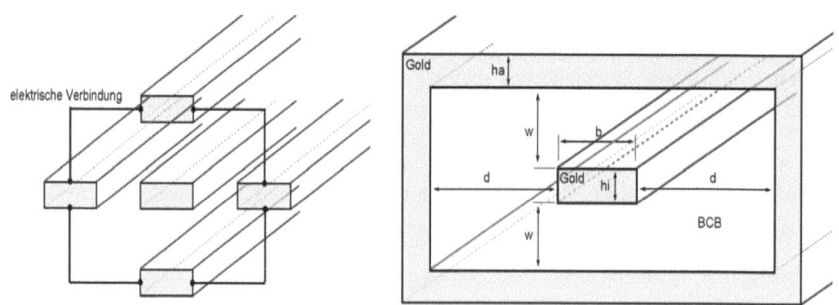

Bild 5.38: Schematischer Aufbau eines Mehrleitersystems (links) und einer Rechteck-Koaxialleitung (rechts)

Diese Rechteck-Koaxialleitung ist die dritte diskutierte Leitung. Allerdings ist dieser Leitungstyp mit einer Impedanz von 100 Ω und einem optimalen Impedanzverlauf nicht realisierbar, da die Höhe des Innenleiters nicht größer als 14 µm seine darf. Deshalb wurde eine Rechteck-

Koaxialleitung mit einem Wellenwiderstand von 25 Ω entworfen, um ein 12,5:50-Ω-Guanella-Balun zu realisieren. Bild 5.39 zeigt den Verlauf des Wellenwiderstandes einer auf 25-Ω-optimierten Leitung.

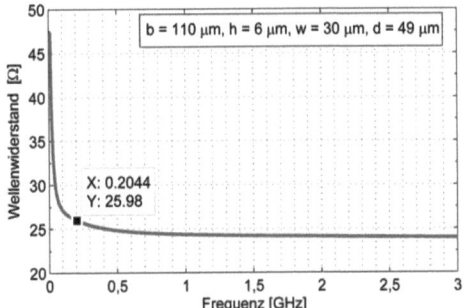

Bild 5.39: Wellenwiderstand der optimierten Rechteck-Koaxialleitung

Der optimierte Innenleiter hat eine Höhe von $h_i = 6$ μm und eine Breite von $b = 110$ μm. Der zugehörige Außenleiter hat eine Dicke von $h_a = 6$ μm, mit Abständen zwischen Innen- und Außenleiter $d = 49$ μm in horizontaler Richtung und $w = 30$ μm in vertikaler Richtung. Der Wellenwiderstand der rechteckigen Koaxialleitung verläuft sehr konstant bis zu niedrigen Frequenzen, steigt allerdings bei zu niedrigen Frequenzen sehr steil an. Die Abweichung bei 200 MHz beträgt lediglich 1 Ω (relativ 4 %).

Die Kapazitätsbeläge werden, verglichen mit denen einer Zweidrahtleitung und Parallelleitung, größer, da deutlich mehr Fläche für das homogene elektrische Feld genutzt werden kann. Da bei diesem Leitungstyp der Innenleiter komplett von einem Außenleiter umschlossen ist, sind die Längen der elektrischen Feldlinien (bei gleicher Potenzialdifferenz zwischen beiden Leitern) relativ gering, was einem höheren elektrischen Feld gleichzusetzen ist. Da somit mehr Energie in der Leitung gespeichert werden kann, hat diese Leitung einen höheren Kapazitätsbelag als eine Zweidrahtleitung oder eine Parallelleitung. Bild 5.40 zeigt die räumliche Verteilung des elektrischen Feldes der Rechteck-Koaxialleitung.

Im Gegensatz zu anderen Leitungstypen ist außerhalb des Außenleiters kein elektrisches Feld vorhanden. Daraus folgt der abschirmende Effekt dieses Leitungstyps, welcher in Kapitel 5.2.9 im Zusammenhang mit Balunparametern genauer erläutert wird. Weiterhin ist dieser Leitungstyp unabhängig von der Ausdehnung des Dielektrikums, solange dieses den Raum zwischen Innen- und Außenleiter vollständig füllt. Ein weiterer Vorteil ist der hohe Kapazitätsbelag, so dass der Wellenwiderstand bis in den niedrigen Frequenzbereich konstant bleibt. Begrenzenden sind auch bei diesem Leitungstyp die geometrischen Abmessungen, welche aus dem Herstellungsprozess folgen.

5.2 Baluns

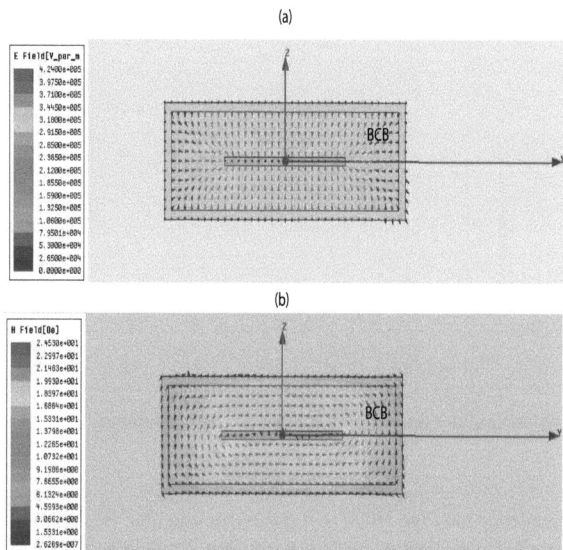

Bild 5.40: Räumliche Verteilung des elektrischen (a) und magnetischen (b) Feldes einer Rechteck-Koaxialleitung bei 1 GHz

5.2.5 Der Balun-Entwurf

In diesem Kapitel werden nun drei verschiedene Guanella-Baluns entworfen, wobei jeweils die zuvor vorgestellten Leitungstypen zur Anwendung kommen: die Zweidrahtleitungen, die Parallelleitungen und die Rechteck-Koaxialleitungen. Der verwendete Leitungstyp hat einen signifikanten Einfluss auf das Balun. Wie in Kap.5.2.2 beschrieben, steigt die obere Grenzfrequenz mit kürzerer Leitungslänge, dabei sinkt die untere Grenzfrequenz mit steigender Länge der Leitung. Folglich ist das Erreichen einer großen Bandbreite ein Optimierungsproblem. Durch eine hohe Induktivität der Wicklungen des Baluns erreicht man eine höhere Isolation zwischen Eingang und Ausgang. Weiter verschiebt sich die obere Grenzfrequenz bei einem idealen, verlustlosen Guanella-Balun zu höheren Frequenzen. Die folgende Formel gibt die Induktivität einer Solenoidspule an:

$$L = N^2 \frac{\mu_0 \mu_r A_L}{l_{so}}. \tag{5.36}$$

Dabei sind N die Anzahl der Windungen, A_L die senkrecht von magnetischen Feldlinien durchflossene Spulenfläche und l_{so} die Länge der Spule. Aus dieser Formel ist zu sehen, dass die Induktivität der Spule mit kürzerer Länge steigt. Das Ziel ist also, eine möglichst dicht gewickelte Spule zu entwerfen. Die höchste Induktivität erreicht man demnach, wenn beim Wickeln Windung an Windung liegt, so dass gerade noch genügend Abstand zum Isolieren der einzelnen Windungen bleibt. In der Praxis ist diese hohe Wicklungsdichte nicht zu erreichen. Die Ursache dafür sind die in Bild 5.41 dargestellten parasitären Kapazitäten zwischen den Windungen.

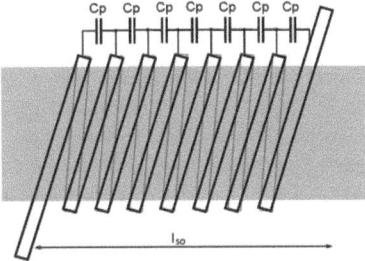

Bild 5.41: Parasitäre Kapazitäten einer Solenoid-Spule

Da die gewickelte Leitung für die Gleichtaktströme isolierend wirkt, baut sich längs der Wicklungen ein elektrisches Potenzial auf. Demnach gibt es eine Potenzialdifferenz zwischen benachbarten Windungen, so dass sich parasitäre Kapazitäten aufladen. Die zusammengefassten parasitären Kapazitäten wirken bei hohen Frequenzen als niedrige Impedanz, die die Isolation der Spule vermindert. Im ESB können die Kapazitäten zwischen den Windungen zu einer parallel zur Spule liegenden Bypass-Kapazität zusammengefasst werden. Dabei hängt es vom Leitungstyp ab, ob die Windungskapazität bei beiden Spulen der bifilaren Wicklung vorhanden ist oder nur bei einer. Bild 5.42 verdeutlicht diesen Zusammenhang.

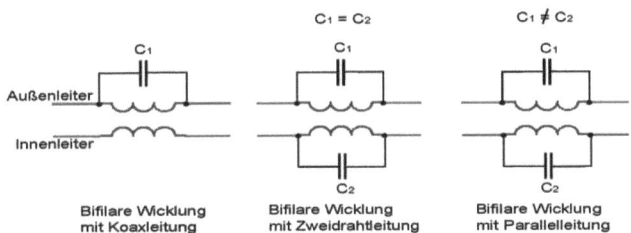

Bild 5.42: Parasitäre Bypass-Kapazitäten der verschiedenen Leitungstypen

Beim Wickeln einer Koaxialleitung bilden sich keine parasitären Kapazitäten zwischen den gewickelten Innenleitern, weil diese sich aufgrund der Abschirmung des Außenleiters nicht gegenseitig beeinflussen. Dagegen bilden sich zwischen den Windungen des Außenleiters parasitäre Kapazitäten. Bei der Zweidrahtleitung sind beide Wicklungen betroffen, so dass die parasitäre Kapazität sich mehrfach negativ auswirkt. Beim letzten Leitungstyp, der Parallelleitung, ist die eine Seite der bifilaren Wicklung stärker betroffen als die andere, da der Abstand zwischen den Windungen der „inneren" Wicklung kleiner ist als der der „äußeren" Wicklung.

Eine Möglichkeit, die Isolation zu verbessern, ist, die Anzahl der Windungen zu erhöhen und/oder die von den magnetischen Feldlinien durchflossene Fläche A zu vergrößern. Das Erhöhen der Windungszahl ist vorzuziehen, da diese Erhöhung sich quadratisch auf die Induktivität der Spule auswirkt. Allerdings vergrößert sich dabei auch die Leitungslänge der Spule, so dass der Verlustwiderstand der Leitung steigt.

Weiter kann die Isolation durch hochpermeable Kerne erhöht werden, da ein Kern mit hoher Permeabilität die Induktivität der Spule bis zur ferromagnetischen Resonanzfrequenz erhöht, ohne die Leitungslänge der Spule zu beeinflussen. Dies bedeutet, dass die obere Grenzfrequenz beim Einsatz eines Kerns nur geringfügig verändert wird, da die obere Grenzfrequenz höher als die f_{FMR} ist. Die untere Grenzfrequenz wird jedoch zu tieferen Frequenzen verschoben, sodass die Bandbreite des Baluns steigt. Allerdings erfordert das Einbringen eines realen Kerns in die Spule eine Neuoptimierung des Baluns. Ursache hierfür ist einerseits die Leitfähigkeit des Kerns, da das magnetische Feld der Spule Wirbelströme im Kern erzeugt. Andererseits beeinflusst der leitende Kern das elektrische Feld der Balun-Spulen desto stärker, je näher die Leitungen am Kern liegen. Davon ausgenommen ist die rechteckige Koaxialleitung, die sehr nahe an den magnetischen Kern gewickelt werden kann, da das elektrische Feld nur innerhalb der Leitung vorhanden ist, wodurch der Wellenwiderstand der Leitung nicht vom Kern beeinflusst wird.

Ein Nachteil, der durch das Einbringen des Kerns entsteht, ist, dass der Imaginärteil der Permeabilität zusätzliche Verluste verursacht, welche die obere Grenzfrequenz beeinflussen können.

Alle im Folgenden vorgestellten Baluns haben eine Windungsanzahl von zehn. Allerdings ist es durchaus denkbar, dass ein globales Optimum mit einer höheren Windungszahl erreicht werden könnte. Dabei sind das Zweidrahtleitungs-Balun und das Parallelleitungs-Balun 50:200-Ω-Baluns und das Rechteck-Koaxialleiter-Balun ist ein 12,5:50-Ω-Balun.

5.2.6 Nicht gewickelter Balun

Im Kapitel 5.2.2 sind die Eigenschaften eines nicht isolierenden Baluns theoretisch erklärt. Bild 5.43 zeigt beispielhaft das Übertragungsverhalten eines nicht gewickelten Baluns. Dieses Guanella-Balun besteht aus zwei 100-Ω-Parallelleitungen der Länge l = 15,8 mm ohne Dielektrikum. Da sich das Balun reziprok verhält, werden die folgenden immer drei charakteristischen Größen betrachtet: die Reflexion am endunsymmetrischen Eingang (rot) sowie die Transmission der Gleichtakt- (blau) und der Gegentaktmode (grau) am erdsymmetrischen Ausgang.

Die Induktivität einer geraden Leitung ist, verglichen mit der einer gewickelten Spule, viel kleiner. Folglich ist die Isolation zwischen Eingang und Ausgang des nicht gewickelten Baluns ebenfalls geringer. Die obere Grenzfrequenz f_0 liegt theoretisch bei $f_0 = c/(2\,l)$, also ist $f_0 = 9{,}48$ GHz. Dieser Wert stimmt sehr gut mit dem simulierten Wert überein.

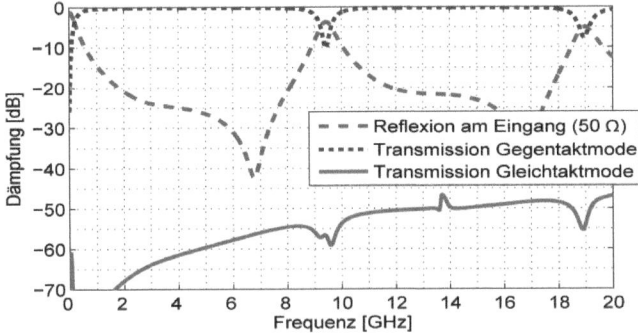

Bild 5.43: Übertragungsverhalten eines nicht gewickelten Baluns

Die Bandbreite des Baluns wird mit Hilfe der Reflexion am Eingang definiert. Allerdings ist dies nur bei ausreichender Unterdrückung der Gleichtaktmode zulässig. Es wird hier und im Folgenden die 10dB-Grenze betrachtet; damit ergibt sich eine Bandbreite von 0,58–8,9 GHz. Das entspricht einer relativen Bandbreite von 3,94 Oktaven.

5.2.7 Zweidrahtleitungs-Balun

Bild 5.44 zeigt die auf der Zweidrahtleitung basierende in den Simulator eingegebene Struktur des Baluns.

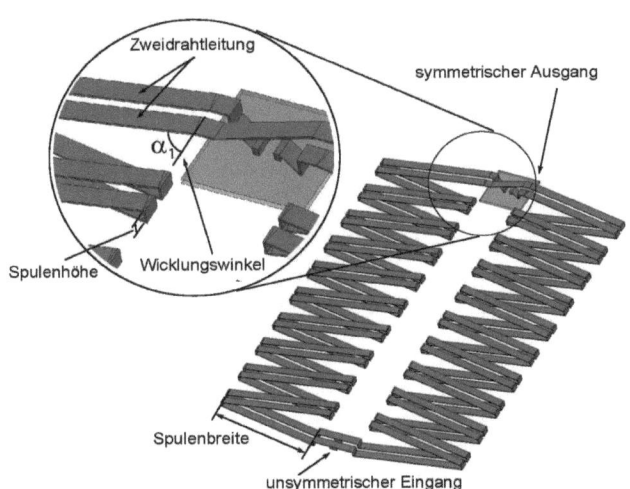

Bild 5.44: Zweidrahtleitungs-Balun

5.2 Baluns

Wie in Kapitel 5.2.4.1 gezeigt, hat die Feldverteilung der Zweidrahtleitung sowohl positive als auch negative Auswirkungen auf die Eigenschaften des Baluns. Aufgrund des magnetischen Feldes kann schon mit einem geringen Wicklungswinkel α_1 die Sperrinduktivität der Spulen erhöht werden.

In Bild 5.45 ist der Zusammenhang zwischen dem Wicklungswinkel und der oberen Grenzfrequenz, skaliert mit der Länge der Leitung, dargestellt. Die Normierung der Länge der Leitung dient der Vergleichbarkeit der Spulen mit verschiedenen Wicklungswinkeln. Da eine Spule mit einem geringen Wicklungswinkel eine größere Länge besitzt und die Länge der Leitung, wie in Kapitel 5.2.2.3 beschrieben, direkt mit der oberen Grenzfrequenz zusammenhängt, wird die Grenzfrequenz in GHz pro Millimeter Leitungslänge ausgedrückt.

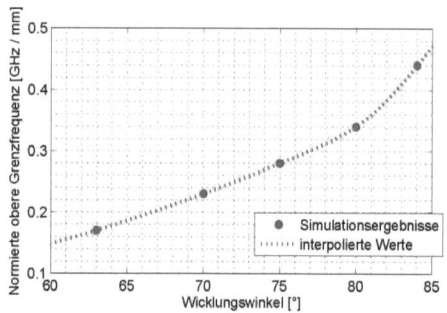

Bild 5.45: Normierte obere Grenzfrequenz, abhängig vom Wicklungswinkel α_1

Bis zu einem Wicklungswinkel von etwa 80° steigt die Kurve näherungsweise linear an. Ab 80° erhöht sich die Steigung. Die Ursache dieser nicht linearen Erhöhung der Induktivität ist, dass die Gegeninduktivität benachbarter Wicklungen stark vom Wicklungswinkel abhängt. Durch eine höhere Induktivität verbessert sich die Isolation des Baluns. Je größer die Isolation, desto höher sind die Frequenzen, bei denen sich stehende Wellen ausbilden können. Bei perfekter Isolation können keine stehenden Wellen entstehen, also ist auch keine obere Grenzfrequenz vorhanden.

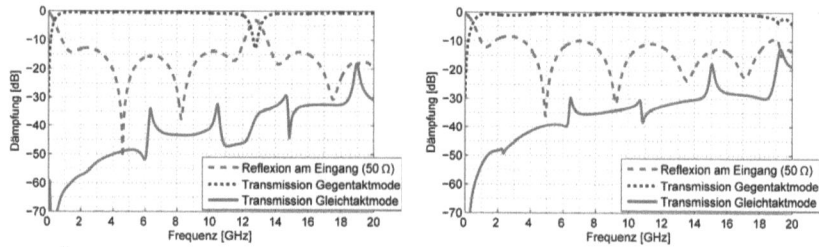

Bild 5.46: Übertragungsverhalten eines Baluns (50:200 Ω) mit Zweidrahtleitung bei $\alpha_1 = 75°$ (links) und $\alpha_1 = 83°$ (rechts)

In Bild 5.46 (links) ist das Übertragungsverhalten eines 50:200-Ω-Baluns mit einer Spulenbreite von 0,98 mm, einer Spulenhöhe von 40 µm und einem Wicklungswinkel von 75° dargestellt. Die nutzbare Bandbreite wird durch die untere Grenzfrequenz f_u und die obere Grenzfrequenz f_o begrenzt. Die untere Grenzfrequenz wird definiert als die niedrigste Frequenz, bei der die Reflexion am Eingang kleiner als -10 dB ist. Entsprechend wird die obere Grenzfrequenz f_o als die höchste Frequenz, bei der die Reflexion am Eingang kleiner als -10 dB ist, festgelegt – wobei die Reflexion zwischen diesen Frequenzen immer kleiner als -10 dB sein muss. Diese Definitionen gelten nur unter der Voraussetzung, dass die Transmissionsverluste der Gegentaktmode vernachlässigbar sind. Somit ergibt sich für das Balun mit $\alpha_1 = 75°$ eine nutzbare Bandbreite von 0,8 GHz bis 12 GHz, was einer relativen Bandbreite von 3,91 Oktaven entspricht. Um die Bandbreite zu erhöhen, muss die Induktivität vergrößert werden. Dies kann durch eine höhere Wicklungsdichte erreicht werden. Allerdings beeinflussen sich die benachbarten Wicklungen wegen des weit ausgedehnten elektrischen Feldes stark, so dass der Wellenwiderstand der Leitung nicht mehr 100 Ω beträgt. Somit wird die Anpassung schlechter. Dies erklärt die stärkere Fehlanpassung des Eingangs bei einem Wicklungswinkel von 83°, wie sie in Bild 5.46 (rechts) gezeigt wird. Weiterhin liegen die Transmissionsverluste vom unsymmetrischen Eingang zum symmetrischen Ausgang zwischen -0,5 und -1 dB. Die leitungslängenabhängige Resonanz fängt bei 19,19 GHz an und ist breitbandiger als die Resonanz bei einem weniger dicht gewickelten Balun, was zusätzlich die nutzbare Bandbreite minimiert. Die untere Grenzfrequenz f_u liegt bei etwa 3,52 GHz. Demnach beträgt die relative Bandbreite des Baluns mit $\alpha_1 = 83°$ 2,45 Oktaven.

Eine größere relative Bandbreite wird bei einer Eingangsimpedanz von 37,5 Ω und einer Lastimpedanz von 150 Ω, wie in Bild 5.47 dargestellt, erreicht. Die Bandbreite beträgt in diesem Fall 1,1-9,19 GHz bzw. 4,1 Oktaven.

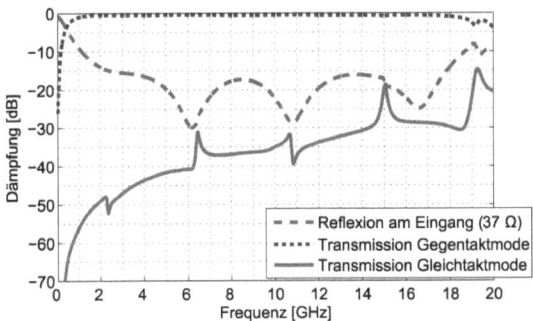

Bild 5.47: Übertragungsverhalten eines Baluns (37:150 Ω) mit Zweidrahtleitung bei $\alpha_1 = 83°$ (links)

5.2 Baluns

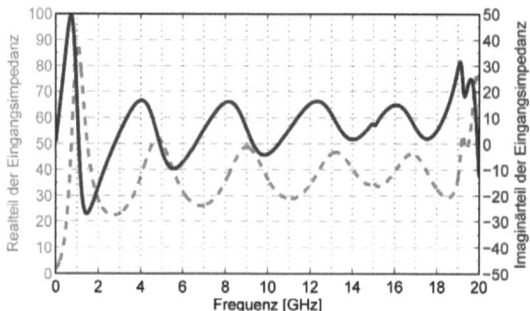

Bild 5.48: Eingangsimpedanz des Zweidrahtleitungs-Balun ($\alpha_1 = 83$)

Bild 5.48 zeigt die von der Frequenz des Baluns abhängige komplexe Eingangsimpedanz. Es ist zu erkennen, dass die Eingangsimpedanz, vorgegeben als 50 Ω, mit steigender Frequenz sinkt. Bei dem Entwurf des Baluns kann diese Tatsache berücksichtigt werden, indem der Wellenwiderstand zu hoch angesetzt wird, um bei vorgegebener Wicklungsdichte eine Eingangsimpedanz von 50 Ω zu realisieren. Allerdings ist dies nur bedingt möglich, da durch zunehmende parasitäre Kapazitäten auch die Reaktanz der Leitung steigt, so dass bei hohen Wicklungsdichten der Wellenwiderstand der Leitung einen signifikanten Imaginärteil enthält. Werden beispielsweise die Quellen- und die Lastimpedanz des beschriebenen Baluns ($\alpha_1 = 83°$) als komplex zugelassen und mit dem Ziel optimiert, eine flaches Transmissionsverhalten mit 0 dB Einfügedämpfung zu erhalten, so ergibt sich die in Bild 5.49 gezeigte Übertragungscharakteristik. Das gezeigte Balun erreicht eine Bandbreite von 0,72–19,19 GHz bzw. 4,74 Oktaven. Die optimale Quellenimpedanz beträgt 39,5Ω–j5,5Ω und die optimale Lastimpedanz ist 139,3Ω–j28,7Ω.

Um das Balun an eine reelle Quellen- und Lastimpedanz anschließen zu können, muss die Reaktanz der Leitung im ganzen nutzbaren Frequenzbereich des Baluns kompensiert werden. In der Praxis stellt dies ein großes praktisches Problem dar.

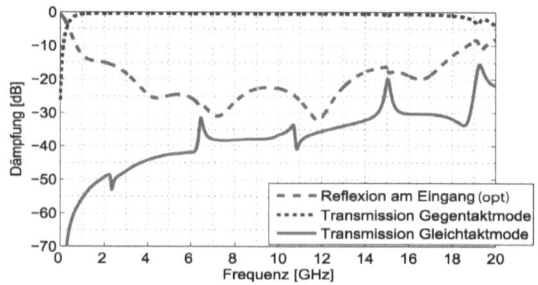

Bild 5.49: Übertragungsverhalten der Zweidrahtleitung mit optimaler Quellen- und Lastimpedanz, $\alpha_1 = 83$

Weiterhin begrenzt die weite Verteilung des elektrischen Feldes die Höhe der Spulen des Baluns, da auch bei kleiner Spulenhöhe die parasitären Kapazitäten stark ansteigen und den Wellenwiderstand verändern.

5.2.8 Parallelleitungs-Balun

Bild 5.50 zeigt ein mit einer Parallelleitung gewickeltes Balun. Wie in Kapitel 5.2.4.3 beschrieben, ist der Großteil der Gegentaktfelder der Parallelleitung zwischen den Leitern konzentriert. Diese Tatsache ermöglicht auch bei diesem Baluntyp hohe Wicklungsdichten. Hohe Wicklungsdichten sind nötig, um eine Erhöhung der Sperrinduktivität zu erreichen. Der Grund hierfür ist das magnetische Feld, bei dem hohe Feldstärken fast ausschließlich zwischen den Leitern vorhanden sind. Damit die Induktivitäten der einzelnen Windungen sich summieren, muss die magnetische Feldstärke einer Windung an der Stelle, an der sich die nächste Windung anschließt, ausreichend groß sein. Deswegen ist bei zu kleinen Wicklungsdichten die Erhöhung der Induktivität kleiner als bei der Zweidrahtleitung.

Bild 5.51 zeigt die untersuchte Abhängigkeit der skalierten oberen Grenzfrequenz des Baluns von dem Wicklungswinkel der Spule. Es ist zu erkennen, dass der Gewinn an Bandbreite und damit an Induktivität der Spule fast linear verläuft. Im Unterschied zu dem Zweidrahtleitungs-Balun gibt es bis zu einem Wicklungswinkel von 84° keinen Punkt, von dem an die normierte obere Grenzfrequenz steil ansteigen würde. Dieser Punkt ist erst bei höheren Wicklungsdichten zu erwarten. Bei einem Wicklungswinkel über 83° verschlechtert sich die Anpassung, so dass die 10dB-Grenze nicht mehr erreicht wird.

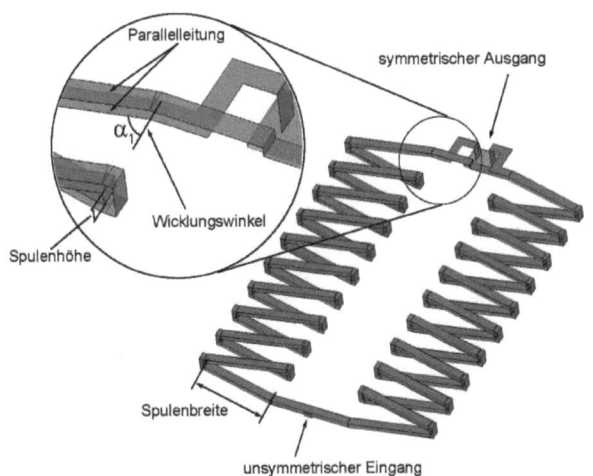

Bild 5.50: Parallelleitungs-Balun

5.2 Baluns

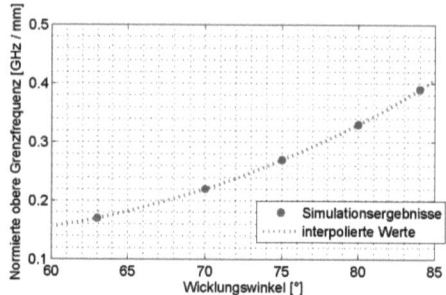

Bild 5.51: Normierte obere Grenzfrequenz in Abhängigkeit von α_1

Im Unterschied zum Zweidrahtleitungs-Balun steigen die parasitären Effekte nicht proportional mit der Wicklungsdichte an.

Ein weiterer Nachteil des konzentrierten magnetischen Feldes ist die Tatsache, dass sich die hohen magnetischen Feldstärken an den Kanten konzentrieren (Bild 5.37), wodurch im Inneren der Spule das magnetische Feld schwächer ist als bei dem Zweidrahtleitungs-Balun. Dies macht den Nutzen eines magnetischen Kerns in der Spule nur für Kerne sehr hoher Permeabilität sinnvoll.

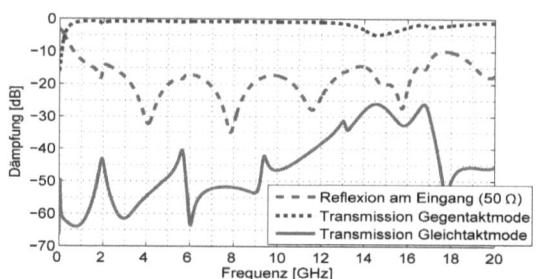

Bild 5.52: Übertragungscharakteristik des Parallelleitungs-Baluns

Bild 5.52 zeigt die Übertragungscharakteristik eines optimierten Parallelleitungs-Baluns mit einer Spulenbreite von 0,98 mm, einer Spulenhöhe von 3 µm und einem Wicklungswinkel von 82,5°. Die Bandbreite dieses Baluns beträgt 0,62–13,6 GHz, was einer relativen Bandbreite von 4,46 Oktaven entspricht.

5.2.9 Rechteck-Koaxialleitungs-Balun

Wie in Kapitel 5.2.4.4 beschrieben, weist die rechteckige Koaxialleitung kein elektrisches Feld außerhalb des Außenleiters auf. Dies ermöglicht sehr hohe Wicklungsdichten im Balun, da die einzelnen Windungen sich gegenseitig nicht beeinflussen; folglich ist der Wellenwiderstand unabhängig von der Ausführung der Wicklungen. Bild 5.53 zeigt den Aufbau eines Rechteck-Koaxialleitungs-Baluns.

Wegen der Eigenschaften des in Kapitel 5.2.4.4 beschriebenen Kapazitätsbelags wird im Folgenden ein 12,5:50-Ω-Balun mit einer Eingangsimpedanz von 12,5 Ω und Ausgangsimpedanz von 50 Ω untersucht. Das Dielektrikum innerhalb und außerhalb der Rechteck-Koaxialleitung ist BCB. Das Balun wurde ebenfalls mit dem Ziel maximaler Bandbreite optimiert. Daraus resultieren ein Wicklungswinkel α_1 von 82,5°, eine Spulenbreite von 0,98 mm und eine Spulenhöhe von 3 µm.

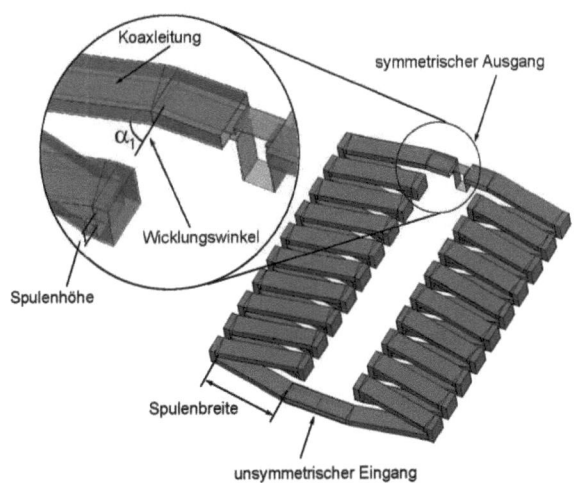

Bild 5.53: Rechteck-Koaxialleitungs-Balun

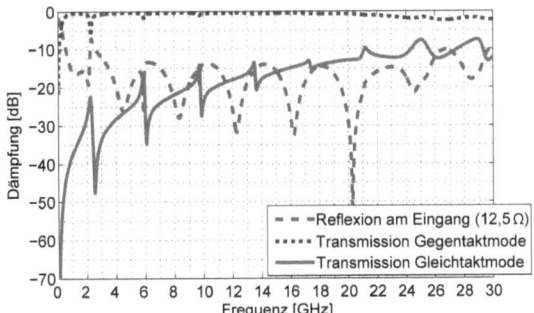

Bild 5.54: Übertragungsverhalten des Rechteck-Koaxialleitungs-Baluns

Bild 5.54 zeigt das Übertragungsverhalten eines Rechteck-Koaxialleitungs-Baluns. Aufgrund der sehr hohen Wicklungsdichte erreichen die beiden Spulen des Baluns eine hohe Induktivität bei geringer Gesamtleitungslänge. Ab 20 GHz verschlechtert sich das Transmissionsverhalten der Gegentaktmode und verbessert sich jenes der Gleichtaktmode. Dies sind Auswirkungen der parasitären Kapazitäten zwischen den Windungen, die die Isolation des Baluns mindern. Dadurch bestimmt die Bypass-Kapazität die obere Grenzfrequenz des Baluns, die unter der leitungsabhängigen Resonanz liegt. Die obere Grenzfrequenz wird als die Frequenz definiert, bei der die Transmissionsverluste der Gegentaktmode größer als 1 dB sind, hier bei 23 GHz.

Die untere Grenzfrequenz, die ebenfalls von der Leitungslänge und der Induktivität des Baluns abhängt, liegt bei 540 MHz. Folglich beträgt die Bandbreite des Baluns 0,54–23 GHz, was einer relativen Bandbreite von 5,41 Oktaven entspricht. Der sprunghafte Einbruch der Transmission bei etwa 2,1 GHz könnte eine Resonanz sein, die sich aus der Induktivität des Außenmantels und der parasitären Windungskapazität des Außenmantels zusammensetzt. Weitere Untersuchungen haben ergeben, dass dieser Sprung von der Höhe der Spule und von der Wicklungsdichte abhängt. Allerdings kann ein Simulationsartefakt an dieser Stelle nicht ausgeschlossen werden. Die Komplexität der Modellierung dieses Baluntyps ist viel größer als die der anderen beiden untersuchten Baluntypen, so dass die vom Computer verursachten Rundungsfehler bei der Abstandsberechnung der Verbindungsstücke zwischen oberer und unterer Teilwicklung bei 10 Windungen sich merkbar aufsummieren können.

5.2.10 Baluns mit Kern

In dieser Arbeit wird angestrebt die Leitung um einen magnetischen Kern zu wickeln, um die Sperrinduktivität weiter zu erhöhen. Dabei stellen die Kernhöhe (bzw. der Füllfaktor) und der Abstand zwischen Kern und Leiter triviale Optimierungsprobleme dar. Denn ist der Füllfaktor zu klein, ist keine große Steigerung der Induktivität zu erwarten. Ist andererseits der Füllfaktor hoch oder der Abstand zwischen Leitung und Kern zu gering, so wird der Wellenwiderstand der Leitung stark beeinflusst, was zu einer Fehlanpassung der Gegentaktmode führt und zusätzliche Verluste im Kern verursacht. Bei der Herstellung der Torus-Spulen zeigte sich, dass eine Kernhöhe von 1 µm sehr gut zu realisieren ist. Deshalb wurde bei den Simulationen dieser Wert mit einem maximalen Abstand zum Kern von 19.5 µm angenommen, um die maximale Gesamthöhe nicht zu überschreiten.

Da die Sperrinduktivität die untere Grenzfrequenz bestimmt, muss das magnetische Material eine hohe Permeabilität nur in diesem niedrigen Frequenzbereich haben. Da die obere Grenzfrequenz nicht von der Induktivität abhängt, ist in diesem Frequenzbereich keine Permeabilität erforderlich. Somit ist eine hohe ferromagnetische Resonanzfrequenz nicht erforderlich. Diese Anforderung – hohe Permeabilität bei niedrigen Frequenzen – erfüllt das Permeabilitätsspektrum eines NiFe-Komposits (Bild 5.55)[40]. Weiter wird von einer geringen Leitfähigkeit des magnetischen Materials ausgegangen, um Verluste durch Wirbelströme zu vermeiden.

5 Hochfrequenzbauteile mit weichmagnetischen Kernen

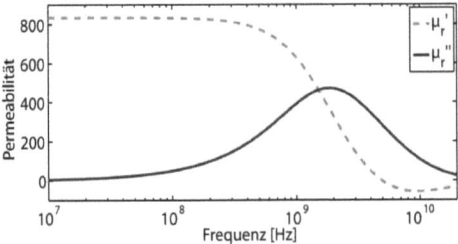

Bild 5.55: Berechnetes Permeabilitätsspektrum des angenommenen NiFe-Kerns

5.2.10.1 Zweidrahtleitungs-Balun mit magnetischem Kern

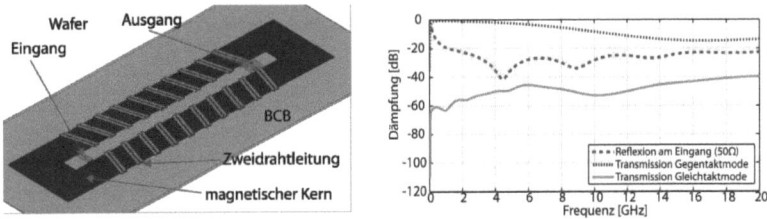

Bild 5.56: Zweidrahtleitungs-Balun mit NiFe-Kern (links) und das Übertragungsverhalten (rechts) bei $\alpha_1 = 75°$

Durch das Einbringen des Kerns lässt sich die Sperrinduktivität derart erhöhen, so dass eine untere Grenzfrequenz f_u von 0,21 GHz erzielt wird. Limitiert wird die f_u durch die Abweichung des Wellenwiderstands der Parallelleitung bei niedrigen Frequenzen (siehe Bild 5.31). Die obere Grenzfrequenz f_0, verursacht durch magnetische Verluste, liegt bei 2,2 GHz. Hier wurde f_0 definiert als die Frequenz, bei der die Transmissionsverluste der Gegentaktmode kleiner als -1 dB sind. Somit wird eine Bandbreite zwischen 0,21 GHz und 2,2 GHz erreicht (3,19 Oktaven).

5.2.10.2 Parallelleitungs-Baluns mit magnetischem Kern

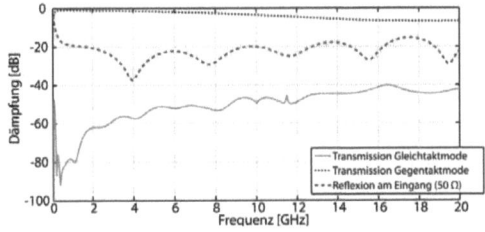

Bild 5.57: Übertragungscharakteristik des Parallelleitungs-Baluns mit NiFe-Kern

5.2 Baluns

Wieder wird durch das Einbringen des Kerns die Sperrinduktivität erhöht, so dass eine untere Grenzfrequenz f_u von 0,12 GHz erreicht wird. Limitiert wird f_u wieder durch die Abweichung des Wellenwiderstands der Leitung (Bild 5.36). Die obere, durch Verluste im Kern verursachte Grenzfrequenz liegt bei 3,1 GHz. Somit ergibt sich eine Bandbreite von 4,69 Oktaven.

5.2.10.3 Rechteck-Koaxialleitungs-Balun mit magnetischem Kern

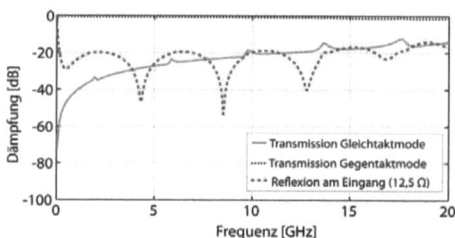

Bild 5.58: Übertragungsverhalten des Rechteck-Koaxialleitungs-Baluns mit NiFe-Kern

Beim Einbringen des Kerns verschiebt sich f_u auf 0,03 GHz, und die obere Grenzfrequenz, verursacht durch Verluste im Kern, liegt bei 14,38 GHz. Somit wird nur eine Bandbreite von 8,9 Oktaven erreicht. Allerdings ist das Balun schon ab 30 MHz, bei einer Baugröße von ca. 15 mm, einsetzbar.

5.2.11 Messung der S-Parameter eines Baluns

Da das 1:4-Balun einen symmetrischen Ausgang besitzt, müssen die S-Parameter des Ausgangs differenziell gemessen werden. Jedoch ist dies nicht direkt mit einem 2-Tor-NWA möglich, der im Labor zur Verfügung stand.

Eine Möglichkeit, das Balun indirekt zu vermessen, besteht darin, zwei identische Baluns „Rücken an Rücken" herzustellen und zu vermessen. „Rücken an Rücken" heißt, dass der erste Balun als ein Transformator von einem unsymmetrischen Eingang mit beispielsweise 50 Ω zu einem symmetrischen Ausgang mit einer Impedanz von 200 Ω arbeitet. Der zweite Balun wird als ein Transformator von einem symmetrischen Eingang mit 200 Ω zu einem unsymmetrischen Ausgang mit 50 Ω benutzt. Dann wird der Eingang des zweiten Baluns an den Ausgang des ersten Baluns angeschlossen. Das Signal wird somit von unsymmetrisch zu unsymmetrisch mit einem Spannungsverhältnis von 1:1 transformiert. Eine derartige Verschaltung der Baluns kann problemlos mit einem 2-Tor-NWA vermessen werden. Aus den so bestimmten Ergebnissen lassen sich zwar Rückschlüsse auf die Funktionalität der einzelnen Baluns ziehen, es ist aber nicht möglich, wichtige Parameter wie die Unterdrückung der Gleichtaktmode und die Transmission der Gegentaktmode zu messen.

Um einzelne Baluns direkt zu vermessen, wird ein differenzieller 4-Tor-NWA benötigt. Mit einem 2-Tor NWA kann die Messung indirekt folgendermaßen erfolgen: Der unsymmetrische Eingang des Baluns, wie in Bild 5.59 dargestellt, wird an das Tor 1 angeschlossen. Der Positiv-Leiter (+90° bezogen auf die Systemmasse) des symmetrischen Ausgangs wird an Tor 2 angelegt. Der Negativ-Leiter (-90° bezogen auf die Systemmasse) des symmetrischen Ausgangs wird mit einer Impedanz von 100 Ω abgeschlossen.

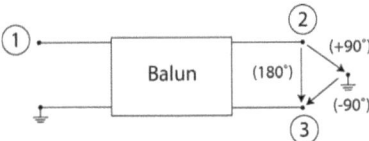

Bild 5.59: Aufbau eines Baluns

Bei dieser Messung werden die unsymmetrischen S_{11}-, S_{12}-, S_{21}-, S_{22}-Parameter des Baluns bestimmt. Mit den Formeln aus [41] zur Umnormierung der Referenzimpedanz können die entsprechenden S-Parameter des Baluns berechnet werden. Dazu müssen die S-Parameter mit den jeweiligen bei der Messung verwendeten Abschlussimpedanzen Z_{01}, Z_{02} zu Z-Parametern umgerechnet werden. Die Z-Matrix wird nun wieder in die S-Matrix mit anderen Abschlussimpedanzen (50 Ω Eingangsimpedanz und 100 Ω Ausgangsimpedanz) umgerechnet.

$$S_{11} = \frac{(Z_{11} - Z_{01}^*)(Z_{22} + Z_{02}) - Z_{12}Z_{21}}{(Z_{11} + Z_{01})(Z_{22} + Z_{02}) - Z_{12}Z_{21}},$$

$$S_{12} = \frac{2Z_{12}(R_{01}R_{02})^{1/2}}{(Z_{11} + Z_{01})(Z_{22} + Z_{02}) - Z_{12}Z_{21}},$$

$$S_{21} = \frac{2Z_{21}(R_{01}R_{02})^{1/2}}{(Z_{11} + Z_{01})(Z_{22} + Z_{02}) - Z_{12}Z_{21}},$$

$$S_{22} = \frac{(Z_{11} + Z_{01})(Z_{22} - Z_{02}^*) - Z_{12}Z_{21}}{(Z_{11} + Z_{01})(Z_{22} + Z_{02}) - Z_{12}Z_{21}}.$$

(5.37)

Dabei sind Z_{01} und Z_{02} die Bezugsimpedanzen der jeweiligen Tore. Anschließend wird der Negativ-Leiter des symmetrischen Ausgangs an das Tor 2 angeschlossen und der Positiv-Leiter terminiert. Daraus folgen die unsymmetrischen S_{11}-, S_{13}-, S_{31}-, S_{33}-Parameter des Baluns. Aus dem Vergleich der S_{11}-Parameter beider Messungen kann man auf die Symmetrie des Baluns und der Messungen schließen. Im Idealfall sind die S_{11}-Parameter aus beiden Messungen identisch. Wie bei der vorherigen Messung müssen auch hier die S-Parameter des dritten Tores des Baluns umnormiert werden. Mit den folgenden Formeln können aus den unsymmetrischen S-Parametern des Baluns die differentiellen S-Parameter des Ausgangs bestimmt werden [42]. Dabei ist zu berücksichtigen, dass dieses Messverfahren einen größeren Messfehler hat als ein Messverfahren, bei dem der Wellenwiderstand des Negativ-, des Positiv-Leiters des Baluns mit der Eingangsimpedanz des Netzwerkanalysators übereinstimmt. Je größer die Differenz dieser beiden Impedanzen ist, desto größer ist der Messfehler. Die Transmissionsfaktoren der Gleichtaktmode S_{1c} und der Gegentaktmode S_{1d} ergeben sich als:

5.2 Baluns

$$S_{1d} = \frac{1}{\sqrt{2}}(S_{12} - S_{13}) \text{ oder } S_{1d} = \frac{1}{\sqrt{2}}(S_{21} - S_{31}),\quad (5.38)$$

$$S_{1c} = \frac{1}{\sqrt{2}}(S_{12} + S_{13}) \text{ oder } S_{1c} = \frac{1}{\sqrt{2}}(S_{21} + S_{31}).\quad (5.39)$$

Damit ist es möglich, mit einem 2-Tor-NWA ein Balun vollständig zu vermessen.

Das beschriebene Messverfahren ist wegen des Abschlusswiderstands in der Praxis schwer umsetzbar. Dieser müsste direkt im Balun auf dem Chip realisiert werden, da Messleitungen und Netzwerkanalysatoren typischerweise eine Impedanz von 50 Ω aufweisen.

Ein Messverfahren, das dieses Problem umgeht, wird nun beschrieben. Allerdings ist der Messfehler dieses Messverfahrens größer als der des oben beschriebenen. Anstatt des 100-Ω-Abschlusses wird ein 50-Ω-Abschluss verwendet. Es werden S-Parameter zwischen allen drei Toren des Baluns (unsymmetrischer Eingang Tor 1, Positiv-Leiter Tor 2 und Negativ-Leiter Tor 3 des symmetrischen Ausgangs) gemessen. Beim Einsatz eines 2-Tor-NWAs wird das nicht benutzte Tor des Baluns mit 50 Ω abgeschlossen. Es sind somit drei Messungen nötig. Anschließend wird aus den Messdaten (die 2-Port-S-Parameter umfassen) eine 3-Tor-S-Parameter-Matrix erstellt. Die Referenzimpedanz dieser Matrix von 50 Ω muss wie beim vorherigen Messverfahren auf die richtigen Abschlussimpedanzen (50 Ω Eingangsimpedanz, 100 Ω Impedanz des Positiv-Leiters, 100 Ω Impedanz des Negativ-Leiters) umnormiert werden. Die Formeln zur Umnormierung können unter Zuhilfenahme von [41] aufgestellt werden. Schließlich werden mit Gl. (5.38) und Gl. (5.39) die neu erhaltenen S-Parameter in differenzielle S-Parameter umgerechnet.

Zusammengefasst besteht die Prozedur aus folgenden Schritten:

1. Messungen aller S-Parameter mit 2-Tor-NWA (50 Ω)
2. Berechnung der 3-Tor-S-Parameter-Matrix (50 Ω)
3. Umnormierung und Berechnung der differenziellen S-Parameter

Dieses Messverfahren wurde anhand eines auf dem Rogers-4003-Substrat aufgebauten nicht gewickelten 50:200-Ω-Parallelleitungs-Baluns verifiziert.

In den drei Messreihen werden die S-Parameter zwischen den Toren 1 und 2, 1 und 3, 2 und 3 des Baluns gemessen (On-Wafer-Messung). Anschließend wird die 3-Port-S-Parameter-Matrix zusammengestellt und auf die Abschlussimpedanzen (50 Ω und 200 Ω) umnormiert.

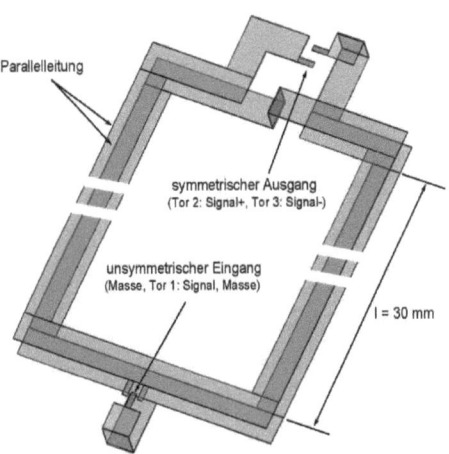

Bild 5.60: Nicht gewickeltes Parallelleitungs-Balun

In Bild 5.61 sind die Ergebnisse von Simulation und Messung zu sehen. Die am Eingang gemessene Reflexion stimmt mit der Simulation gut überein. Auffällig ist die geringere Unterdrückung der Gleichtaktmode des realen Baluns im Vergleich mit seinem simulierten Modell. Ein Grund hierfür ist, dass bei der Messung das Bezugspotenzial zwischen dem Eingangstor und einem Ausgangstor nicht dasselbe ist, da die Massepunkte im Balun nicht verbunden sind. Die Verbindung der Bezugspotentiale zwischen Eingang und Ausgang erfolgt über das Messgerät selbst, wodurch die Unterdrückung der Gleichtaktmode an einem anderen Punkt gemessen wird als dem erwünschten. Entsprechend sinkt der Transmissionskoeffizient der Gegentaktmode, da ein Teil der Gesamtenergie sich in der Gleichtaktmode befindet.

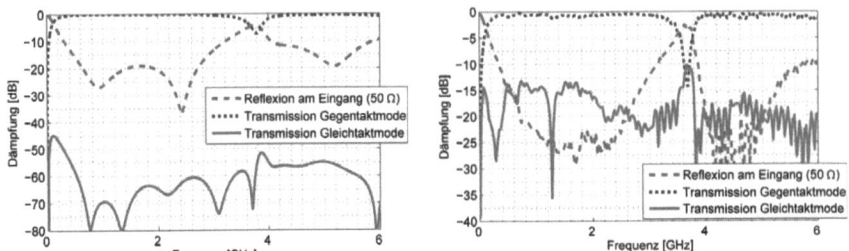

Bild 5.61: Simulations- (links) und Messergebnisse (rechts) des nicht gewickelten Parallelleitungs-Baluns

5.2 Baluns

6 Zusammenfassende Diskussion und Ausblick

Weichmagnetische Materialien werden in der Hochfrequenztechnik derzeit kaum eingesetzt, da sowohl die Materialherstellung als auch die Fertigungsverfahren sich erst in den letzten Jahren etabliert haben. Dabei ergeben sich durch die Verwendung solcher magnetischer Materialien erhebliche Vorteile. Durch die Nutzung von weichmagnetischen Nanokompositen lassen sich verschiedene Bauteile signifikant miniaturisieren, ohne dabei Einschränkungen in der Bandbreite zu erfahren. Es lassen sich Bandbreiten durch hohe relative Permeabilitäten sogar noch erhöhen. Zudem besitzen diese neuartigen Komposite eine hohe ferromagnetische Resonanzfrequenz und vermeiden Wirbelstromverluste, so dass die Funktion der Bauteile bis in den GHz-Bereich gewährleistet ist. Neben den innovativen Materialien profitieren die in dieser Arbeit entwickelten Hochfrequenzkomponenten von der Fertigung in Dünnfilmtechnik. Mit Hilfe dieser Herstellungstechnik lassen sich Strukturen mit einer Genauigkeit von wenigen Mikrometern realisieren. Für die Kommunikationselektronik ist dies von großem Interesse, da der Flächenbedarf der Bauteilgröße entspricht und die benötigte Fläche wiederum eine wichtige, limitierte Ressource darstellt. Denn ein Ziel der heutigen Kommunikationssysteme ist es, möglichst viele Komponenten auf sehr kleinem Raum zu integrieren, wie z. B. in einem Handy oder einem Laptop.

6.1 Materialbeschreibung

Entsprechend dem Ziel, Hochfrequenzkomponenten zu entwickeln, liegt der Fokus in Kapitel 3 auf der Bestimmung des Hochfrequenzverhaltens weichmagnetischer Nanokomposite. Zuerst wurde ein zusammenfassender Überblick über Mischungsformeln, welche auf dielektrischen Kompositmaterialien basieren, gegeben. Weiter beschreibt der Überblick die zwei auftretenden Verlustmechanismen durch Wirbelströme und aufgrund der ferromagnetischen Resonanz.

Bei der Materialbeschreibung wurde das Verhalten abhängig von verschiedenen Materialparametern wie Sättigungsmagnetisierung, kristalliner Anisotropie und Dämpfungskonstante betrachtet. Entsprechend der Herstellung wurden verschiedene Form- und Entmagnetisierungsfaktoren berücksichtigt. Darüber hinaus wurden auftretende Verlustmechanismen mit einbezogen.

Die im Überblick vorgestellten voneinander abhängigen Gleichungen beschreiben für sich jeweils nur ein physikalisches Phänomen. Dieses Problem wurde durch die Kombination aller Gleichungen gelöst. Damit wird eine komplette Beschreibung der magnetischen Hochfrequenzeigenschaften (Bild 6.1) ermöglicht.

Zusammenfassende Diskussion und Ausblick

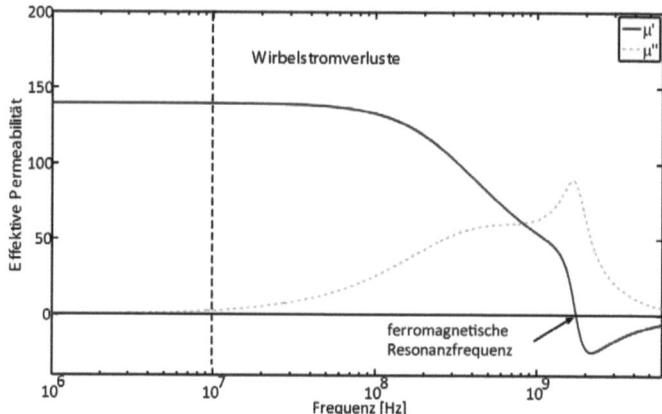

Bild 6.1: Berechnete effektive Permeabilität, mit Wirbelstromverlusten und der ferromagnetischen Resonanz

Somit kann bei Kenntnis der Materialparameter das zu erwartende Permeabilitätsspektrum exakt berechnet werden. Natürlich können auch umgekehrt bei gegebenem Spektrum der Permeabilität die Anforderungen an die Materialparameter definiert werden.

6.2 Messmethoden

Parallel zur theoretischen Beschreibung ist ein wichtiger Bestandteil dieser Arbeit die messtechnische Charakterisierung; sie wurde im vierten Kapitel diskutiert, indem zwei Messanordnungen, Permeameter genannt, mit den dazugehörigen Berechnungsverfahren zur Bestimmung des Permeabilitätsspektrums untersucht wurden.

6.2.1 Eignung der Koplanarleitung als Permeameter

Das erste Permeameter wurde basierend auf einer Koplanarleitung entwickelt. Bei diesem Verfahren wird die Änderung der Wellenleitereigenschaften zur Auswertung herangezogen. Schon bei den Simulationen zeigte sich ein nicht linearer Zusammenhang zwischen effektiver und absoluter Permeabilität, so dass die Bestimmung der Permeabilität fehlerhaft ist. Der Fehler wird umso größer, je weiter Kalibrierungs- und Messpermeabilität voneinander abweichen. Ferner sind bei unbekannten Proben die Leitfähigkeit sowie die magnetischen Materialparameter nicht bekannt und können mit den beschriebenen Verfahren auch nicht unmittelbar bestimmt werden. Das wiederum verhindert die Korrektur der Nichtlinearitäten, die dafür verantwortlich sind, dass es zu erheblichen Fehlern bei der Bestimmung der Permeabilität kommt. Für den Fall, dass die Materialparameter alternativ bestimmt werden können, zum Beispiel mit einer VSM-Messung [30], wurde ein neues Kalibrierverfahren entwickelt, welches gewährleistet, dass die Koplanarleitung als Permeameter korrekte Permeabilitätsspektren liefert.

6.2.2 Eignung der kurzgeschlossenen Streifenleitung als Permeameter

Das zweite Permeameter basiert auf einer kurzgeschlossenen Streifenleitung. Seine Funktion beruht auf der Änderung der Induktivität einer Spule mit magnetischem Kern, dessen Permeabilität variiert wird. Um maximale Dynamik zu gewährleisten, wurde eine Transmissionsmessung durchgeführt, bei der die Spule parallel zu Tor 1 und Tor 2 lag. Der Messfrequenzbereich wird durch die Resonanz des Messaufbaus bei ca. 15 GHz limitiert. Diese Frequenzgrenze lässt sich durch den Übergang zu kleineren Geometrien noch erhöhen; die Grenzen werden dabei durch das Messobjekt vorgegeben. Ein großer Nachteil dieses Permeameters verglichen mit dem aus einer Koplanarleitung, ist die Abhängigkeit der Resultate von den Abmessungen der Probe, da das Permeameter nur für eine bestimmte Probenabmessung optimiert wurde. Wenn sich die Größe des Messobjektes ändert, passt es nicht mehr in das Permeameter oder der Füllfaktor ist zu klein. Die Anordnung muss somit neu optimiert und gebaut werden.

Der bei der Messung entstehende Fehler ist abhängig von dem verwendeten Kalibrierungsmaterial. Je kleiner die Differenz zwischen den Permeabilitäten der Kalibrierungs- und Messprobe ist, desto kleiner wird der entstehende Fehler.

Um die Leistungsfähigkeit zu erhöhen, wurde ein neues frequenzabhängiges Kalibrierungsverfahren entwickelt, welches den auftretenden Messfehler, verglichen mit dem des Permeameters mit Koplanarleitung, erheblich reduziert. Somit ist die Ausführung mit Streifenleiter als breitbandiges Permeameter sehr gut geeignet.

6.2.3 Bestimmung der Materialparameter aus gemessenen Permeabilitätsspektren

Weiter wurde ein neues, auf nicht linearer Regression basierendes Verfahren entwickelt, welches aus dem komplexen Permeabilitätsspektrum die unbekannten, reellwertigen Materialparameter berechnet, um so die Einflüsse verschiedener Herstellungsparameter wie z. B. Druck, Temperatur und magnetisches Gleichfeld auf die Materialparameter der hergestellten Komposite zu bestimmen.

6.3 Hochfrequenz-Bauteile

Eine weitere wichtige Anwendung der Daten von gemessenen Permeabilitätsspektren ist, Bauteile mit magnetischen Materialien effizient und korrekt zu entwerfen. Dies ist möglich, da frequenzabhängige Datensätze der Messergebnisse direkt in verschiedene Simulationsprogramme wie HFSS eingelesen werden können. Im fünften Kapitel werden beispielhaft zwei Klassen von Hochfrequenzkomponenten mit magnetischen Nanokompositkernen, nämlich Torus-Spulen und Guanella-Baluns, untersucht. Einige der optimierten Bauteile wurden teilweise gefertigt, charakterisiert und die Messdaten mit den Simulationen verglichen. Dabei zeigten sich sehr gute Übereinstimmungen zwischen den Simulationen und den Messungen. Beim Betriebsverhalten der Bauteile wurden die Verbesserungen durch den Kern exemplarisch gezeigt und Anforderungen an zukünftige Komponenten und Kernmaterialien definiert.

6.3.1 Torus-Spule

Die Torus-Spule wurde als eine Kette von N gekoppelten, rechteckigen Wicklungen beschrieben. Es wurde ein neues Ersatzschaltbild für eine Wicklung präsentiert. Jede Wicklung wurde hierbei mit einer Impedanz Z und einer Admittanz Y modelliert. Die einzelnen Ersatzschaltbildgrößen der Torus-Spule können dann mit den präsentierten Gleichungen beschrieben oder abgeschätzt werden. Die Richtigkeit des Ersatzschaltbildverhaltens wurde durch den Vergleich von berechneten und gemessenen Daten bestätigt. Die zur Berechnung benötigten Modellparameter wurden aus Querschnittsbildern der Torus-Spule bestimmt. Mit dem entwickelten Ersatzschaltbild ist es möglich, das Betriebsverhalten der Torus-Spule ohne aufwendige 3-D-Feldsimulationen korrekt zu beschreiben.

Weiter wurde der Einfluss des magnetischen Kernmaterials ausführlich diskutiert. Es wurde gezeigt, dass sich nur dann Verbesserungen mit magnetischem Kern erreichen lassen, wenn die Permeabilität hoch, die Dämpfungskonstante des Materials klein, die Leitfähigkeit des Kerns sehr klein, der Füllfaktor der Spule hoch ist und die ferromagnetische Resonanzfrequenz unterhalb der ersten Resonanzfrequenz der Struktur liegt. Für den Fall, dass eine oder mehrere dieser Anforderungen nicht erfüllt sein sollten, wurde gezeigt, dass eine Verbesserung durch den Kern nur gering oder nicht vorhanden ist.

Als besonders wichtige Kerneigenschaft stellte sich die Leitfähigkeit heraus. Es wurden zwei Lösungen aufgezeigt, um eine geringe Leitfähigkeit zu gewährleisten. Die erste Möglichkeit ist die Verwendung von isolierten magnetischen Nanopartikeln in einer nicht magnetischen Matrix. Daneben wurde simulatorisch und praktisch gezeigt, dass durch Segmentierung des magnetischen Kerns die Leitfähigkeit signifikant reduziert werden kann.

Abschießend wurde exemplarisch eine Torus-Spule optimiert. Dabei sind neben der Spulengeometrie das Kernmaterial und dessen Strukturierung entscheidend. Beim Kernmaterial wurden das komplexe Permeabilitätsspektrum und die Leitfähigkeit berücksichtigt. Die numerische Optimierung besteht im Wesentlichen darin, die Spule optimal an die aus dem Herstellungsprozess und dem Kernmaterial resultierenden Randbedingungen anzupassen, so dass die gewünschte Induktivität erreicht wird und die Eigenresonanzfrequenz ausreichend weit über der ferromagnetischen Resonanzfrequenz liegt, damit eine maximale Güte erzielt wird.

6.3.2 Baluns

Verschiedene Baluns wurden untersucht, solche mit magnetischem Kern jedoch nur simulatorisch. Da die Funktion der Fertigungstechnologie für Komponenten mit Kern beim Bau der Spulen hinreichend gezeigt wurde, ist jedoch davon auszugehen, dass auch Baluns mit Kern einwandfrei wie simuliert arbeiten.

Begonnen wurde mit der Diskussion verschiedener Leitungstypen hinsichtlich ihrer Eignung für Baluns. Diese wurden mit dem Ziel optimiert, die Abweichungen des Wellenwiderstands bei niedrigen Frequenzen so klein wie möglich zu halten. Danach folgte der Entwurf von Baluns mit optimierten Leitungen ohne Kern. Diese Baluns wurden für maximale Bandbreite optimiert. Schließlich wurde der magnetische Kern in die Baluns integriert. Dies wurde exemplarisch mit einem geeigneten magnetischen Material, hier einem NiFe-Komposit, simuliert. Die Entwicklungsschritte wurden parallel durchgeführt, um eine gute Vergleichbarkeit der verschiedenen Typen zu gewährleisten.

6.3.2.1 Leitungstypen

Für alle untersuchten Leitungstypen ist der Impedanzverlauf der Leitung über der Frequenz hauptsächlich durch die geometrischen Eigenschaften beschränkt, die durch die Fertigungsgrenzen vorgegeben sind. Bei gleichen herstellungstechnischen Voraussetzungen erreicht eine Zweidrahtleitung mit hohem Wellenwiderstand eine geringere Abweichung von der Sollimpedanz als eine solche mit niedrigem Wellenwiderstand. Die Höhe der Leitung wird durch die Herstellungsverfahren bestimmt. Basierend auf den Erfahrungen bei der Herstellung der Torus-Spulen wurde eine maximale Goldlagenhöhe von 14 µm angenommen. Um nicht an die technologischen Grenzen zu kommen, wurden die Simulationen und Optimierungen mit einer maximalen Höhe von 7,5 µm durchgeführt, allerdings begrenzt diese Höhe den Kapazitätsbelag. Da niederohmige Leitungen einen höheren Kapazitätsbelag benötigen, lassen sich diese nur bedingt als Zweidrahtleitung realisieren.

Im Gegensatz dazu erreicht unter gleichen geometrischen Voraussetzungen eine Parallelleitung mit niedriger Impedanz ein besseres Frequenzverhalten als eine Parallelleitung mit hoher Impedanz. Wie in Kapitel 5.2.4.3 gezeigt, kann durch Erhöhung der Breite der Leitung der Kapazitätsbelag erhöht werden. Bei Vergrößerung des Abstands der Leiter voneinander erhöht sich der Induktivitätsbelag.

Mit der Rechteck-Koaxialleitung als letztem untersuchten Leitungstyp, lässt sich bei vorgegebener maximaler Höhe und minimaler Breite des Innenleiters keine hochohmige Leitung realisieren, sehr wohl aber eine niederohmige mit einem sehr guten Frequenzverlauf und dem Vorteil, dass das elektrische Feld außerhalb der Leitung gleich null ist. Dadurch wird die Leitungsimpedanz nicht von benachbarten Leitungen oder dem magnetischen Kern beeinflusst. Allerdings ist die Struktur wesentlich aufwendiger herzustellen.

6.3.2.2 1:4-Guanella-Balun

Mit den optimierten Leitungen wurden verschiedene 1:4-Guanella-Baluns entworfen und untersucht. Anschließend erfolgte eine Analyse der Baluns mit magnetischen Kernen. Die Tabelle 6.1 fasst die wichtigsten Eigenschaften der optimierten Baluns zusammen.

	Zweidrahtleitungs-Balun	Parallelleitungs-Balun	Rechteckkoaxialleitungs-Balun
Bandbreite ohne Kern	0,8–12 GHz 3,9 oktaven	0,62–13,6 GHz 4,46 Oktaven	0,54–23 GHz 5,41 Oktaven
Bandbreite mit Kern	0,21–2,2 GHz 3,19 Oktaven	0,12–13,6 GHz 4,69 Oktaven	0,03–14,38 GHz 8,9 Oktaven
Isolation der Gleichtaktmode	>30dB	>30dB	>10dB
Einfluss der Wicklungsdichte (α)	Hoch	gering	keine
Herstellung, verglichen mit der Torus-Spule	ähnlich schwierig	schwieriger	sehr viel schwieriger

Tabelle 6.1: Eigenschaften der untersuchten Baluns

Das Zweidrahtleitungs-Balun besitzt zwar die geringste Bandbreite, hat aber eine gute Isolation der Gleichtaktmode und die Herstellung ist relativ einfach. Aufgrund der einfachsten Herstellung und der Erfahrungen mit der Torus-Spule sollte das Zweidrahtleitungs-Balun vorzugsweise realisiert werden. Das Parallelleitungs-Balun hat eine größere Bandbreite als das Zweidrahtleitungs-Balun, jedoch eine wesentlich kleinere als das Rechteck-Koaxialleitungs-Balun. Umgekehrt ist es bei der Isolation der Gleichtaktmode: Diese ist beim Parallelleitungs-Balun wesentlich höher. Die Herstellung der beiden letzten Baluns ist schwierig oder sehr viel schwierig.

Durch die Verwendung magnetischer Kerne kann die Bandbreite vergrößert werden. Beim Rechteck-Koaxialleitungs-Balun sind bis zu 8,9 Oktaven erreichbar. Der Einsatzbereich wird zu tieferen Frequenzen verschoben. Dieser Frequenzbereich ist von großem technischen Interesse, da in diesem Frequenzbereich integrierte Baluns vielfach Anwendungen finden. Erwartungsgemäß haben die Eigenschaften des magnetischen Kernes einen großen Einfluss auf das Betriebsverhalten der Baluns: So wird die obere Grenzfrequenz nicht mehr durch den Entwurf des Baluns, sondern durch zusätzliche Verluste des magnetischen Materials bestimmt. Neben der Permeabilität, welche die Sperrinduktivität vergrößert, ist die Leitfähigkeit zu berücksichtigen. Die Leitfähigkeit verursacht einerseits eine Verstimmung der Leitungsimpedanz. Andererseits können Verluste durch Wirbelströme entstehen. Die Verstimmung der Leitung lässt sich durch eine Anpassung der eingesetzten Leitungstypen verringern. Die Wirbelströme können durch geeignete Materialwahl vermieden werden. Bei den hier entworfenen Baluns wurde eine geringe Leitfähigkeit des Materials angenommen.

Zusammenfassende Diskussion und Ausblick

Bei allen untersuchten Baluntypen wird nicht der ganze Kern genutzt, da dieser rechteckig ist und nur zwei seiner Seiten als Spulen verwendet wurden (Bild 5.56). Torus-Kerne sind denkbar. Da aber bei einem solchen Entwurf der Wellenwiderstand der beteiligten Leitung kaum konstant gehalten werden kann, wurden keine Baluns mit Torus-Kernen präsentiert.

Abschließend wurden Verfahren diskutiert, die es erlauben, Bauteile mit symmetrischen Ausgängen zu vermessen. Dies ist erforderlich, da das 1:4-Balun einen symmetrischen Ausgang besitzt, welcher differenziell gemessen werden muss, was jedoch nicht direkt mit einem verfügbaren 2-Tor-NWA möglich ist. Das Verfahren ermöglicht es, mit drei Messreihen (2-Tor-Messungen) eine 3-Tor-S-Parameter-Matrix zusammenzustellen, welche auf die gegebenen Abschlussimpedanzen (z. B. 50 Ω und 200 Ω) umnormiert wird. Aus dieser Matrix lassen sich dann Gleich- und Gegentakttransmissionsfaktoren berechnen. Dieses Messverfahren wurde anhand eines aufgebauten nicht gewickelten 50:200-Ω-Parallelleitungs-Balun verifiziert, als Substrat wurde das Material Rogers 4003 verwendet.

6.4 Ausblick

n die Eigenschaften der Permeameter durch Verkleinerung verbessert werden. Beispielsweise könnte eine Koplanarleitung als Permeameter mit Hilfe der Dünnfilmtechnik auf Waferebene aufgebaut werden. Weiter sollten Messverfahren entwickelt werden, die sowohl dielektrische als auch magnetische Eigenschaften breitbandig bestimmen können. Denkbar sind Ringresonatoren, die erfolgreich zur breitbandigen Charakterisierung dielektrischer Materialien eingesetzt werden.

Neben den diskutierten Hochfrequenzbauteilen könnten die magnetischen Nanokomposite noch in einer Vielzahl anderer Bauteile eingesetzt werden, wie z. B. in Kopplern, Absorbern oder Zirkulatoren. Da bei vielen Hochfrequenzsystemen Einstellbarkeit gefordert wird, liegt es nahe, magnetoresistive Materialien als Kernmaterial zu verwenden. Damit könnte beispielsweise eine Induktivität leistungslos um mehrere Größenordnungen variiert werden.

Die im Rahmen dieser Arbeit gewonnenen Erkenntnisse bestätigen den großen Nutzen der weichmagnetischen Materialien in Kombination mit der Dünnfilmtechnik. Die neuen Bauteile haben vielfache Einsatzmöglichkeiten in der Hochfrequenzsystemtechnik.

A Abbildungsverzeichnis

Bild 2.1: Ferromagnetische Hysteresekurve 3
Bild 2.2: Schematische Darstellung möglicher Atomverteilungen (ungeordneter Mischkristall, isotrope Fernordnung und anisotrope Nahordnung) für eine binäre, kristalline Legierung mit Zahl der gerichteten Atompaare [2 S. 206] 4
Bild 2.3: Links: nicht vollständig geordnete magnetische Momente und das daraus resultierende effektive magnetische Moment, rechts: gemessenes Permeabilitätsspektrum (75nm-FeCo-Film) 5
Bild 2.4: Links: vollständig geordnete magnetische Momente und das daraus resultierende effektive magnetische Moment, rechts: gemessenes Permeabilitätsspektrum (75nm-FeCo-Film) 6
Bild 3.1: Effektive Permeabilität über dem Füllfaktor, berechnet für die drei vorgestellten Methoden mit unterschiedlichen Permeabilitätsverhältnissen 8
Bild 3.2: Effektive Permeabilität in verschiedenen Richtungen über dem Füllfaktor c_a, bestimmt mit Gl. (3.4) beispielhaft für drei verschiedene N_x. Dabei gilt $N_y = N_z = (1-N_x)/2$ und $\mu_a/\mu_b = 500$. 9
Bild 3.3: Effektive Permeabilität abhängig von N_x bei $c_a = 0.2$ 10
Bild 3.4: Effektive Permeabilität abhängig von N_x bei $c_a = 0.5$ 10
Bild 3.5: Effektive Permeabilität abhängig von N_x bei $c_a = 0.8$ 10
Bild 3.6: Schematische Darstellung einer gedämpften (a) und einer ungedämpften Spinpräzession (b) um ein effektives Feld H_{eff} für ein anliegendes HF-Feld H_{hf}. 12
Bild 3.7: Permeabilität homogener ($A = [0; 0; 0]$) und kugelförmiger ($A = [0,3; 0,3; 0,3]$) Partikel (Materialparameter: $\mu_0 M_s = 1,2$ T, $\mu_0 H_k = 0,025$ T und $\alpha = 0.03$) 14
Bild 3.8: Permeabilität einer Dünnschicht ($A = [0; 1; 0]$) mit Filmnormalen parallel zur y-Achse (Materialparameter: $\mu_0 M_s = 1,2$ T, $\mu_0 H_k = 0,025$ T und $\alpha = 0.03$) 14
Bild 3.9: Permeabilität eines unendlich ausgedehnten Stabes ($A = [0,5; 0,5; 0]$) (Materialparameter: $\mu_0 M_s = 1,2$ T, $\mu_0 H_k = 0,025$ T und $\alpha = 0.03$) 15
Bild 3.10: ω_{FMR} abhängig von den Formfaktoren N_x, N_y (Materialparameter: $\mu_0 M_s = 1,2$ T, $\mu_0 H_k = 0,025$ T und $\alpha = 0.03$) 15
Bild 3.11: Real- und Imaginärteil der Permeabilität kugelförmiger Partikel abhängig von $R_P\sqrt{-i\sigma\omega\mu^p}$ 18
Bild 3.12: Einfluss von α auf die ferromagnetische Resonanz (Materialparameter: $\mu_0 M_s = 2,4$ T, $\mu_0 H_k = 0,0049$ T) 19
Bild 3.13: System von abhängigen Gleichungen 20
Bild 3.14: Permeabilität des homogenen Materials mit $\sigma=10^6$ S/m 21
Bild 3.15: Permeabilität des homogenen Materials mit $\sigma=10^7$ S/m 21
Bild 3.16: : Permeabilität des homogenen Materials mit $\sigma=10^8$ S/m 21
Bild 3.17: Dünnschichtpermeabilität bei $\sigma=10^6$ S/m 22
Bild 3.18: Dünnschichtpermeabilität bei $\sigma=10^7$ S/m 23
Bild 3.19: Dünnschichtpermeabilität bei $\sigma=10^8$ S/m 23
Bild 3.20: Mehrlagen-Nanokomposite, schematische Darstellung (a) und Transmissionselektronenmikroskopbild (b) 24
Bild 3.21: Effektive Permeabilität von Mehrlagen-Nanokompositen 10nm FeNiCo/7.5nm PTFE, berechnet mit folgenden Materialparametern: $\mu_0 M_s = 1,1$ T, $\mu_0 H_k = 0.0035$ T und $\alpha = 0.015$ 24

A Abbildungsverzeichnis

Bild 3.22: Effektive Permeabilität von Mehrlagen-Nanokompositen 20nm FeNiCo/7.5nm PTFE, berechnet mit folgenden Materialparametern: $\mu_0 M_s = 1{,}35$ T, $\mu_0 H_k = 0.0035$ T und $\alpha = 0.015$ 25

Bild 3.23: Effektive Permeabilität von Mehrlagen Nanokompositen 30nm FeNiCo/7.5nm PTFE, berechnet mit folgenden Materialparametern: $\mu_0 M_s = 1{,}5$ T, $\mu_0 H_k = 0.0094$ T und $\alpha = 0.015$ 25

Bild 4.1: Aufbau einer Koplanarleitung 28

Bild 4.2: Feldverteilung der beiden Moden auf einer Koplanarleitung: a) Gleichtaktmode, Koplanarmode; b) Gegentaktmode, „Schlitzleitungsmode" 28

Bild 4.3: Aufbau des koplanaren Permeameters 30

Bild 4.4: Äquivalentes Ersatzschaltbild für die probenbedeckte Koplanarleitung 30

Bild 4.5: Induktivität des probenbedeckten Leitungsstücks in Abhängigkeit von der Isolationsschichtdicke (Leitungsparameter: $w_i = 0{,}300$ mm und $G_{sb} = 0.141$ mm) 32

Bild 4.6: Induktivität des probenbedeckten Leitungsstücks in Abhängigkeit von der Probenleitfähigkeit (Leitungsparameter: $w_i = 0{,}100$ mm und $G_{sb} = 0{,}61$ mm) 34

Bild 4.7: Absoluter Fehler bei Berechnung der Probenpermeabilität sowie Gegenüberstellung von Soll- und berechneter Permeabilität 34

Bild 4.8: Modell zur Beschreibung der Herleitung vom Nicolson-Ross-Algorithmus 38

Bild 4.9: Messaufbau zur Charakterisierung einer magnetischen Probe 39

Bild 4.10: Foto des aufgebauten Permeameters 40

Bild 4.11: Messergebnisse für eine FeCoBSi-Probe mit externem Magnetfeld (Realteil (a) und Imaginärteil (b) der Permeabilität) 40

Bild 4.12: Gegenüberstellung der Permeabilitätswerte aus Messung und theoretischer Berechnung ... 41

Bild 4.13: Korrigierter Permeabilitätsverlauf für FeCoBSi ((a) Realteil, (b) Imaginärteil) 43

Bild 4.14: Schematischer Aufbau des Permeameters 44

Bild 4.15: Praktischer Aufbau des Permeameters 44

Bild 4.16: H-Feld bei 5 GHz im Querschnitt (in der Messebene) 45

Bild 4.17: Ersatzschaltbild des Permeameters 45

Bild 4.18: Aus der Eigenresonanz resultierende Fehler im Permeabilitätsspektrum 48

Bild 4.19: Aufbau Permeameter 49

Bild 4.20: Erweiterter Messablauf 50

Bild 4.21: Berechnete Permeabilität unter Verwendung von F(f) 50

Bild 4.22: Gegenüberstellung der Permeabilitätswerte aus Messung und Theorie 51

Bild 4.23: Messdaten und genäherte Daten 53

Bild 4.24: VSM-Messungen der FeCoBSi-Probe 54

Bild 4.25: Permeabilität bei verschiedenen externen magnetischen Gleichfeldern (blaue Punkte) und die approximierende Funktion (rot) zum Bestimmen des minimal benötigten Gleichfeldes 54

Bild 5.1: Modell der Torus-Spule 55

Bild 5.2: Verhalten des Induktors unterhalb und oberhalb der Eigenresonanz 56

Bild 5.3: (a): Ersatzschaltbild der Torus-Spule mit N Wicklungen, (b): Ersatzschaltbild einer Wicklung ... 58

Bild 5.4: Aufsicht der Torus-Spule 60

Bild 5.5: Querschnitt der Torus-Spule 60

Bild 5.6: Querschnitt einer Torus-Spule 63

Bild 5.7: Berechnetes ESB-Verhalten und gemessenes Verhalten der Torus-Spule 64

Bild 5.8: Ausschnitt aus der Aufsicht der Torus-Spule 65

A Abbildungsverzeichnis

Bild 5.9: L_{DC} (a) und f_{res} (b) eines Mikroinduktors in Abhängigkeit von der Windungszahl N 65

Bild 5.10: L_{DC} (a) und f_{res} (b), abhängig von der Kernbreite 66

Bild 5.11: L_{DC} (links) und f_{res} (rechts), abhängig von der Leiterbreite 66

Bild 5.12: Induktivität in Abhängigkeit von der anisotropen Leitfähigkeit 68

Bild 5.13: Gütefaktor in Abhängigkeit von der anisotropen Leitfähigkeit 68

Bild 5.14: Torus-Spule mit einem segmentierten Kern 69

Bild 5.15: L_{DC}, f_{res} und Q in Abhängigkeit von der Anzahl der Spalte 70

Bild 5.16: Messungen der Torus-Spulen: (links) Induktivität und (rechts) Gütefaktor 70

Bild 5.17: Gemessenes Permeabilitätsspektrum (a) und der berechnete Gütefaktor des Materials (b) des magnetischen Kernmaterials (magnetische Partikel (FeNi) eingebettet in eine nicht magnetische Matrix; gesamte Filmdicke 1 um) 72

Bild 5.18: Torus-Parameter (Aufsicht und Querschnitt) 73

Bild 5.19: Simulationsergebnisse des initialen Entwurfes: Induktivität (a) und Gütefaktor (b) 73

Bild 5.20: Simulationsergebnisse des optimierten Entwurfes: Induktivität (a) und Gütefaktor (b) 75

Bild 5.21: Frequenzverlauf von Real- und Imaginärteil des Wellenwiderstandes einer Zweidrahtleitung 76

Bild 5.22: Konventionelles Balun 78

Bild 5.23: Balun als Leitungstransformator (Guanella-Balun) 79

Bild 5.24: Ersatzschaltbild eines Guanella-Baluns 80

Bild 5.25: Anpassung bei Abweichung von der Soll-Impedanz 81

Bild 5.26: Anpassung in Abhängigkeit von der Abweichung der Leitungsimpedanz 84

Bild 5.27: Ersatzschaltbild eines Baluns mit nicht isolierenden Wicklungen, gültig für hohe Frequenzen 84

Bild 5.28: Ersatzschaltbild eines Baluns mit nicht isolierenden Wicklungen, gültig für niedrige Frequenzen 85

Bild 5.29: Untersuchte Leitungstypen 86

Bild 5.30: Schematische Darstellung einer Zweidrahtleitung 87

Bild 5.31: Optimierter Wellenwiderstand einer Zweidrahtleitung 87

Bild 5.32: Räumliche Verteilung des elektrischen (a) und magnetischen Feldes (b) einer Zweidrahtleitung bei 1 GHz 88

Bild 5.33: Schematische Darstellung einer Dreidrahtleitung 89

Bild 5.34: Optimierter Wellenwiderstand einer Dreidrahtleitung 89

Bild 5.35: Schematische Darstellung einer Parallelleitung 90

Bild 5.36: Wellenwiderstand der optimierten Parallelleitung 91

Bild 5.37: Räumliche Verteilung des elektrischen (a) und magnetischen (b) Feldes einer Parallelleitung bei 1 GHz 92

Bild 5.38: Schematischer Aufbau eines Mehrleitersystems (links) und einer Rechteck-Koaxialleitung (rechts) ... 92

Bild 5.39: Wellenwiderstand der optimierten Rechteck-Koaxialleitung 93

Bild 5.40: Räumliche Verteilung des elektrischen (a) und magnetischen (b) Feldes einer Rechteck-Koaxialleitung bei 1 GHz 94

Bild 5.41: Parasitäre Kapazitäten einer Solenoid-Spule 95

Bild 5.42: Parasitäre Bypass-Kapazitäten der verschiedenen Leitungstypen 95

Bild 5.43: Übertragungsverhalten eines nicht gewickelten Baluns 97

Bild 5.44: Zweidrahtleitungs-Balun 97

Bild 5.45: Normierte obere Grenzfrequenz, abhängig vom Wicklungswinkel α_1 98

Bild 5.46: Übertragungsverhalten eines Baluns (50:200 Ω) mit Zweidrahtleitung bei $\alpha_1 = 75°$(links) und $\alpha_1 = 83°$ (rechts) 98

Bild 5.47: Übertragungsverhalten eines Baluns (37:150 Ω) mit Zweidrahtleitung bei $\alpha_1 = 83°$ (links) 99
Bild 5.48: Eingangsimpedanz des Zweidrahtleitungs-Balun ($\alpha_1 = 83$) 100
Bild 5.49: Übertragungsverhalten der Zweidrahtleitung mit optimaler Quellen- und Lastimpedanz, $\alpha_1 = 83$ 100
Bild 5.50: Parallelleitungs-Balun 101
Bild 5.51: Normierte obere Grenzfrequenz in Abhängigkeit von α_1 102
Bild 5.52: Übertragungscharakteristik des Parallelleitungs-Baluns 102
Bild 5.53: Rechteck-Koaxialleitungs-Balun 103
Bild 5.54: Übertragungsverhalten des Rechteck-Koaxialleitungs-Baluns 103
Bild 5.55: Berechnetes Permeabilitätsspektrum des angenommenen NiFe-Kerns 105
Bild 5.56: Zweidrahtleitungs-Balun mit NiFe-Kern (links) und das Übertragungsverhalten (rechts) bei $\alpha_1 = 75°$ 105
Bild 5.57: Übertragungscharakteristik des Parallelleitungs-Baluns mit NiFe-Kern 105
Bild 5.58: Übertragungsverhalten des Rechteck-Koaxialleitungs-Baluns mit NiFe-Kern 106
Bild 5.59: Aufbau eines Baluns 107
Bild 5.60: Nicht gewickeltes Parallelleitungs-Balun 109
Bild 5.61: Simulations- (links) und Messergebnisse (rechts) des nicht gewickelten Parallelleitungs-Baluns 109
Bild 6.1: Berechnete effektive Permeabilität, mit Wirbelstromverlusten und der ferromagnetischen Resonanz 112

B Tabellenverzeichnis

Tabelle 3.1: Zusammenfassung einiger Formfaktoren und der zugehörigen Materialeigenschaften 16
Tabelle 4.1: Schlitzbreiten für eine Soll-Impedanz von 50 Ω 29
Tabelle 5.1: Charakteristische Werte der Torus-Spulen mit verschiedenen magnetischen Kernmaterialien 71
Tabelle 6.1: Eigenschaften der untersuchten Baluns 116

B Tabellenverzeichnis

Literaturverzeichnis

[1] Ramprasad, R., Zurcher, P., Petras, M., Miller, M., Renaud P. Magnetic properties of metallic ferromagnetic nanoparticle composites. *J. Appl. Phys.* 2004, Vol. 96, 1, pp. 519-529.

[2] Kneller, E. *Ferromagnetismus.* Berlin : Springer-Verlag, 1962. ASIN: B0000BK9MY.

[3] Ansoft, LLC, Ansys, HFSS Vers.12.1. www.ansoft.com. [Online] 2009.

[4] Garnett, J. C. M. Colours in Metal Glasses and in Metallic Films. *Phil. Trans. R. Soc. Lond. A.* 1904, Vol. 203, pp. 385-420.

[5] Bruggeman, D. A. G. Berechnung verschiedener physikalischer Konstanten von heterogenen Substanzen. I. Dielektrizitätskonstanten und Leitfähigkeiten der Mischkörper aus isotropen Substanzen. *Ann. Phys.* 1935, Vol. 416, 8, pp. 665–679.

[6] Sihvola, A. *Electromagnetic Mixing Formulas and Applications.* London : The Institute of Electrical Engineers, 1999. ISBN 0-85296-772-1.

[7] Pozar, D.M. *Microwave Engineering.* New York : Addison-Wesley Publishing Company, 1990. ISBN 0-201-50418-9.

[8] Kittel, C. *Introduction to Solid State Physics.* Berkeley : John Wiley & Sons, Inc, 2005. ISBN 0-471-41526-X.

[9] O'Handley, R.C. *Modern Magnetic Meaterials.* New York : John Wiley & Sons, Inc, 2000. ISBN 0-471-15566-7.

[10] Greve, H., Pochstein, C., Gerber A., Frommberger M., Takele H., Zaporojtchenko V., Quandt, E., Faupel F. Nanostructured magnetic Fe-Ni-Co/Teflon multilayers for high frequency applications in the gigahertz range. *Appl. Phys. Lett.* 2006, Vol. 89, pp. 242501 1-3.

[11] Kos A.B., Silva T.J., Kobos P. Pulsed inductive microwave magnetometer. *Rev. Sci. Instrum.* 10, 2002, Vol. 73, pp. 3563-3569.

[12] Meinke, H., Gundlach, F. *Taschenbuch der Hochfrequenztechnik.* Berlin/Heidelberg : Springer-Verlag, 1992. ISBN 3-540-54717-7.

[13] Klingbeil, H. *Elektromagnetische Feldtheorie.* 1. Auflage. Stuttgart : Teubner Verlag, 2003. ISBN 3-519-00431-3.

[14] **Weir, W. B.** Automatic Measurement of Complex Dielectric Constant and Permeability at Microwave Frequencies. *IEEE Proceedings.* 1974, Vol. 62, pp. 33-36.

[15] **Hinojosa, J.** S-Parameter Broadband Measurement On-Coplanar and Fast Extraction of the Substrate Intrinsic Properties. *IEEE Microwave and Wireless Components Letters.* 2000, Vol. 11, 2, pp. 80-82.

[16] **Frommberger, M., Ludwig, A., Sehrbrock, A., Quandt, E.** High frequency magnetic properties of FeCoBSi/SiO2 and (FeCo/CoB)/SiO2 multilayer thin films. *IEEE Trans. Magn.* 2003, Vol. 39, 5, pp. HD-09.

[17] **Pucel, R. A. and Masse, D. J.** Microstrip Propagation on Magnetic Substrates - PartI: Design Theory. *IEEE Trans. MTT.* 1972, Vol. 20, 5, pp. 304-308.

[18] **Simons, R. N.** *Coplanar Waveguide Circuits, Components and Systems.* New York : Wiley-Interscience, 2001. ISBN 0-471-16121-7.

[19] **Chen, L. F., Ong, C. K., Neo, C. P., Varadan, V. V., Varadan, V. K.** *Microwave Electronics - Measurement and Material Characterisation.* New York : Wiley Verlag, 2004. ISBN 0-470-84492-2.

[20] **Bilzer, C., Devolder, B., Crozat, P., Chappert, C.** Vector network analyzer ferromagnetic resonance of thin films on coplanar waveguides. *Journal of Applied Physics.* 2007, Vol. 101, 7, pp. 074505 - 074505-5.

[21] **Blume, S.** *Theorie elektromagnetischer Felder.* 4. Auflage. Heidelberg : Hüthig Verlag, 1994. ISBN-10 3778523376.

[22] **Orfandis, S.J.** *Intruduction to Signal Processing.* Englewood Cliffs, NJ : Prentice-Hall, 1996. ISBN 0-13-209172-0.

[23] **Hettstedt, F., Schürmann, U.,Knöchel, R, Quandt, E.** Permeameter For The Characterization Of Magnetic Thin Films Up To 15 GHz. *Proceedings of the 38th European Microwave Conference.* 2008, pp. 797-800.

[24] **Ludwig, A.,Tewes M., Quandt E.** Permeameter zur Messung hochfrequenter und magnetoelastischer Eigenschaften dünner magnetischer Schichten. *Sensoren und Mess-Systeme, Vorträge der 11. ITG/GMA Fachtagung in Ludwigsburg.* 2002, pp. 309-312.

[25] **Seber, G. A. F., Wild, C. J.** *Nonlinear Regression.* Hoboken, New Jersey : John Wiley & Sons, 2003. ISBN 0-471-47135-6.

[26] **Daschner, F.** *Multivariate Messdatenverarbeitung für die dielektrische Spektroskopie mit Mikrowellen zur Bestimmung der Zusammensetzung von Lebensmitteln.* Aachen : Shaker Verlag, 2002. ISBN 3-8322-0446-6.

[27] **Grant E.H., Sheppard R.J., South G.P.** *Dielectic Behaviour of Biological Molecules in Solution.* Oxford : Oxford University Press, 1978. ISBN 0-19-854621-1.

[28] **Foner, S.** Versatile and Sensitive Vibrating-Sample Magnetometer. *Rev. Sci. Instrum.* 7, 1959, Vol. 30, pp. 548–557.

[29] **Schürmann, U., Gerber, A., Kulkarni, A., Hettstedt, F., Zaporojtchenko, V., Knöchel, R., Faupel, F., Quandt, E.** Fabrication of Toroidal Microinductors for RF Applications. *IEEE Transactions on Magnetics.* Oct. 2009, Vol. 45, 10, pp. 4770 - 4772.

[30] **Liu, W.Y., Suryanarayanan, J., Nath, J., Mohammadi, S., Katehi, L.P.B., Steer, M.B.** Toroidal Inductors for Radio-Frequency Integrated Circuits. *IEEE Trans MTT.* 2004, Vol. 52, 2, pp. 646 - 654 .

[31] **Grover, F.W.** *Inductance calculations: working formulas and tables.* New York : Dover, 1946. ISBN 0-486-49577-9.

[32] **Kim, Y.-J., Allen, M.G.** Integrated Solenoid-Type Inductors for High Frequency Applications and Their Characteristics. *Electronic Components and Technology Conference 48th IEEE.* 48th, 1998, pp. 1247 - 1252.

[33] **Ko, J.-S., Kim, B.-K., Lee K.** Simple modeling of coplanar waveguide on thick dielectric over lossy substrate. *IEEE Trans. Electron Devices.* 1997, Vol. 44, 5, pp. 856-861.

[34] **Hettstedt, F., Greve, H., Schürmann, U., Gerber, A., Zaporojtchenko, V., Knöchel, R., Faupel, F., Quandt, E.** Toroid Microinductors with Magnetic Nanocomposite Cores. *Proceedings of the 37th European Microwave Conference.* 2007, pp. 270-273.

[35] **Rotholz, E.** Transmission-Line Transformers. *IEEE Trans. MTT.* 1981, Vol. 29, 4, pp. 327 - 331 .

[36] **Hamilton, N.** RF-Transformers: Part 1 The Windings. *RAF Signals Engineering Establishment.* 1995, pp. 36-44.

[37] **Sevick, J.** *Transmission Line Transformer.* Atlanta : Nobel Publishing Corporation, 2001. ISBN 1-884932-18-5.

[38] **Sevick, J.** A simplified Analysis of the Broadband Transmission Line Transformer. *High Frequency Electronics.* 2004, pp. 48–53.

[39] **Wadell, B. C.** *Transmission Line Design Handbook.* Boston : Artech House, 1991. ISBN-10 0890064369.

[40] **Gerber, A., McCord, J., Schmutz, C., Quandt E.** Permeability and Magnetic Properties of Ferromagnetic NiFe/FeCoBSi Bilayers for High-Frequency Applications. *IEEE Transactions on Magnetics.* 2007, Vol. 43, 6, pp. 2624 - 2626.

[41] **Frickey, D. A.** Conversion between S,Z,Y,h, ABCD, and T Parameters which are valid for complex Source and Load Impedances. *IEEE Trans. MTT.* 1994, Vol. 42, 10, pp. 205-211.

[42] **Anritsu, Three and Four Port S-Parameter Measurements Application Note.** www.anritsu.com. [Online] 2001.

[43] **Schiek, B.** *Meßsysteme der Hochfrequenztechnik.* Heidelberg : Hüthig, 1997. ISBN-10: 3778510452.

[44] **Harrington, R.F.** *Inroduction to Electromagnetic Engineering.* New York : Dover, 1958. ISBN 0-486-43241-6.

[45] **Le Floc'h, M., Chevalier, A., Mattei J.L.** The magnetic susceptibility in soft magnetic composite materials. *J. Phys. IV France.* 1998, Vol. 8, pp. 355-358.

Eigene Publikationen

(1) **Hettstedt, F., Greve, H., Schürmann, U., Gerber, A., Zaporojtchenko, V., Knöchel, R., Faupel, F., Quandt, E.** Toroid Microinductors with Magnetic Nanocomposite Cores. *Proceedings of the 37th European Microwave Conference.* 2007, pp. 270–273.

(2) **Hettstedt, F., Eghlidi, H.M., Knöchel, R.** Modeling of Magnetic Nanocomposites. *Conference Proceedings GeMic 2008.* 2008, pp. 352–355.

(3) **Hettstedt, F., Greve, H., Schürmann, U., Zaporojtchenko, V., Knöchel, R., Faupel, F., Quandt, E.** Functional Materials for Microwave Applications. *Conference Proceedings GeMic.* 2008, pp. 205–208.

(4) **Hettstedt, F., Schurmann, U., Knöchel, R., Quandt, E.** Permeameter for the Characterization of Magnetic Thin Films Up to 15 GHz. *Microwave Conference, 2008. EuMC 2008. 38th European.* 2008, pp. 797–800 .

(5) **Schurmann, U., Gerber, A., Kulkarni, A., Hettstedt, F., Zaporojtchenko, V., Knöchel, R., Faupel, F., Quandt, E.** Fabrication of Toroidal Microinductors for RF Applications. *IEEE Transactions on Magnetics.* Oct. 2009, Vol. 45, 10, pp. 4770–4772.

(6) **Hettstedt, F., Schürmann, U., Knöchel, R.,Quandt, E.** Double Coil Permeameter for the Characterization of Magnetic Materials. *German Microwave Conference.* 2009, pp. 1–3.

(7) **Hettstedt, F., Schürmann, U., Knöchel, R.,Quandt, E.** Toroid Microinductors Using Segmented Magnetic Cores. *Conference Proceedings IMS.* 2010, pp. 1348–1351.

(8) **Hettstedt, F., Daschner, F., Bechtold, C., Knoechel, R., Quandt E.** Determination of Material Parameters from the Permeability Spectrum. *IEEE Trans. Instr. Measr.* 2011, submitted.

i want morebooks!

Buy your books fast and straightforward online - at one of world's fastest growing online book stores! Environmentally sound due to Print-on-Demand technologies.

Buy your books online at
www.get-morebooks.com

Kaufen Sie Ihre Bücher schnell und unkompliziert online – auf einer der am schnellsten wachsenden Buchhandelsplattformen weltweit! Dank Print-On-Demand umwelt- und ressourcenschonend produziert.

Bücher schneller online kaufen
www.morebooks.de

VDM Verlagsservicegesellschaft mbH
Heinrich-Böcking-Str. 6-8
D - 66121 Saarbrücken

Telefon: +49 681 3720 174
Telefax: +49 681 3720 1749

info@vdm-vsg.de
www.vdm-vsg.de

Printed by Books on Demand GmbH, Norderstedt / Germany